동물의 직업

마리오 루트비히 Mario Ludwig 지음

강영옥 옮김

DOCTOR HOUND

개부터 벼룩까지

인간의 일을 대신하는 동물들의 50가지 이야기

동물의 직업

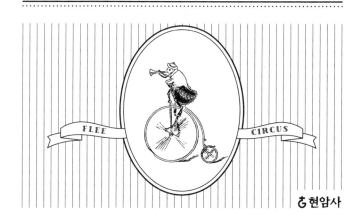

FLEE CIRCUS

현암사

동물의 직업

초판 1쇄 발행 2022년 8월 16일

지은이　마리오 루트비히
옮긴이　강영옥
펴낸이　조미현

책임편집　김솔지
디자인　정은영

펴낸곳　㈜현암사
등록　1951년 12월 24일 · 제10-126호
주소　04029 서울시 마포구 동교로12안길 35
전화　02-365-5051
팩스　02-313-2729
전자우편　editor@hyeonamsa.com
홈페이지　www.hyeonamsa.com

ISBN 978-89-323-2241-4 03490

차례

인간은 어떻게 동물과 가까워졌을까

인간과 동물은 오랜 시간을 함께 지내왔다. 인간은 적어도 1만 5,000년 전부터 사냥, 양치기, 경비를 위해 가축으로 개를 기르기 시작했다. 하지만 늑대가 언제 어느 지역에서 개로 가축화되었는지는 학문적으로 논란이 많다. 2016년 옥스퍼드 대학교에서 선사 시대와 현대 개들의 유전자와 고고학 자료를 분석한 결과 늑대는 완전히 독립적으로 두 번 가축화되었다는 사실이 밝혀졌다. 한 번은 약 1만 5,000년 전 아시아에서였고, 다른 한 번은 약 1만 2,500년 전 유럽에서였다. 현재 살고 있는 모든 개는 두 무리의 독립적인 늑대 개체군에서 유래한다고 볼 수 있다. 이 두 개체군의 후손들은 지금으로부터 약 5,000년 전, 아시아 출신 사람들이 개와 함께 유럽으로 이주했을 때 피가 섞였다.

반면 2017년 독일 마인츠 대학교와 밤베르크 대학교 연구팀은 늑대가 한 장소에서만 가축화되었다는 전혀 다른 연구 결과를 내놓았다. 하지만 이 연구팀은 가축화가 일어난 장소는 밝혀내지 못했다.

늑대가 개로 가축화되었는지에 대해서도 확실하게 밝혀진 바는 없다. 이와 관련해 여러 가설이 있다. 그중 한 가지 가설은 인간이 고아가 된 새끼 늑대를 받아들여 길렀다는 것이다. 또 다른 가설은 인간이 아닌 늑대가 늑대의 가축화에 결정적인 계기를 제공했다고 주장한다. 인간이 정착 생활을 시작하자 인간의 주거지 주변을 어슬렁거리며 맛 좋은 뼈와 같은 음식물 쓰레기를 얻어 가려는 늑대들이 많아졌다. 이런 늑대들은 엄격한 서열 구조의 늑대 사회에서는 하위 계급이고 같은 무리의 다른 늑대들보다 용감했을 가능성이 크다. 이 늑대들은 인간의 행동 방식에 서서히 적응해갔다. 그러다가 어느 순간부터 인간은 늑대의 유용성을 깨닫고 늑대를 사냥개와 경비견으로 훈련하기 시작했을 것이다. 이런 늑대들은 서서히 인간과 소통하고, 인간에게 복종하고, 인간을 섬기는 법을 배웠고, 현재의 개가 되었다. 처음에 우리 조상들은 새끼 늑대들을 골라서 길들였을 것이다.

그리고 계획적인 품종 개량을 통해 다양한 견종이 탄생했다. 중세 시대에 이미 개의 품종 개량이 이뤄지고 있었다. 당시 유럽에는 일곱 가지에서 열두 가지 견종이 있었을 것으로 추측된다. 사람들은 사냥, 경비, 전투, 양치기 등 특별한 임무를 수행할 특별한 개를 원했다. 하지만 대부분의 견종은 18세기에 생겼다. 현재 우리가 알고 있는 계획적인 품종 개량은 이 무렵에 시작되었다. 현재 공인된 견종은 약 340종이고 새로운 견종이 계속 생기고 있다.

순수한 유전학적 관점에서도 지금도 개에게는 늑대의 특성이 많이 남아 있다. 개와 늑대는 유전자 구성 중 최대 99퍼센트가 일치한다. 과학적 관점에서 개가 늑대의 하위 종일뿐이라는 사실은 놀랄 일도 아닌 것이다.

늑대와 개에 이어 양, 염소, 소, 돼지, 낙타, 말, 닭, 오리 등 일부 동물만 가축으로 간주되어 사육되기 시작했다. 가축은 인간에게 고기, 우유, 알 등의 식량과 모피, 가죽, 양모 같은 옷감을 제공했고, 승용 동물, 역용 동물 혹은 사역 동물로 일했다.

과거에 얼마나 많은 동물이 인간의 일을 대신해왔고 지금도 얼마나 많은 동물이 그렇게 하고 있는지 놀랍고 감탄스러울 따름이다. 유감스럽게도 알려지지 않은 것들이 훨씬 많다. 여러분은 집비둘기가 깃털 달린 방사선학자이자 예술 전문가가 될 수 있고, 구더기와 개미는 범죄학자를 도울 수 있고, 꼬리감는원숭이는 집안일을 믿고 맡길 수 있는 가사도우미 역할을 하며, 커다란 쥐가 지뢰 탐색 전문가로 성공했다는 사실을 알고 있는가? 사향고양이가 없으면 세계에서 가장 비싼 커피를 생산할 수 없다는 점을 누가 떠올릴 수 있겠는가!

동물들은 의학 분야에서도 활약하고 있다. 그사이 닥터 피시는 피부과 의사로 활동하고 있고, 돌고래는 아이들을 위한 협력 치료사로 일하고 있으며, 정성스럽게 배양된 거머리는 수천 명의 사람을 신체를 절단할 위기에서 구해주었다.

반면 과거에는 중요하게 여겨졌지만 지금은 완전히 사람들의 머리에서 잊힌 동물들도 있다. '바다의 금실 잣는 아가씨'라는 별명을 가진 대왕키조개의 족사*로 만든 실은 모든 시대에 가장 값비싼 섬유였다. 살아 있는 전기가오리가 최초의 전기 치료에 사용되었다는 사실을 누가

....

* 足絲. 이매패류 연체동물이 분비하는 가는 실 묶음. 연체동물을 고체 표면에 부착하는 역할을 한다. −옮긴이

기억하겠는가.

마지막으로 다룰 동물들은 정말 독특한 특성을 갖고 있다. 이 동물의 수컷들은 생식 문제를 해결하기 위해 수백 년을 기다려야 한다. 이 책에서는 이런 다양한 '동물 조력자'에 관한 사례들을 소개한다.

앞으로 우리가 살펴볼 주제에는 부분적으로 복잡한 내용들이 포함되어 있지만 이런 문제들까지 완벽하게 다룰 수 없음을 이해해주길 바란다. 연구를 위한 실험용 토끼의 생명권과 같이 복잡한 윤리적 문제는 이 책에서 완전히 배제했다. 고대에 수많은 전쟁에서 동물 병사들이 투입되고 악용되었다는 사례도 마찬가지다. 바이오닉스, 전서구, 경마 스포츠와 같은 주제와 동물권에 관심이 있는 독자들은 관련된 전문 서적을 참고하길 권한다. 검색하는 과정만으로도 충분히 기쁨을 느낄 것이다!

결핵을 진단하는 쥐

명망 높은 베를린의 로베르트 코흐 연구소에 의하면 첨단 의학의 시대인 오늘날에도 결핵은 치료법이 있음에도 사망에 이를 수 있는 가장 흔한 감염성 질환이라고 한다.

지금도 하루에 약 4,500명이 결핵으로 목숨을 잃는데 사망자 대부분은 아프리카 출신이다. 그리고 매년 1,000만 명의 신규 결핵 환자가 발생한다. 의학적 도움이 없으면 결핵균은 혈액 순환으로 퍼져 장기를 감염시키고 환자를 죽음에 이르게 한다. 탄자니아에서 결핵은 말라리아와 에이즈 다음으로 많은 사망자를 배출하는 질병이다. 매년 수만 명의 탄자니아 국민이 결핵으로 목숨을 잃는다. 사망자의 대부분은 제때 진단을 받지 못해 치료하지 못한 경우다. 탄자니아에서 결핵 환자의 약 3분의 2는 자신이 결핵에 걸렸다는 사실도 모른다. 결핵 확산을 막기 위해서는 신속하고 정확한 진단이 중요한 셈이다. 탄자니아의 결핵 감염률은 심각한 수준이다. 게다가 치료를 받지 못한 결핵 환자들이 수십 명을 감염시키고 있다.

정확한 결핵 진단을 위해서는 보통 환자의 타액 샘플을 이용한 분자 검사나 면역 검사를 실시한다. 바로 이것이 문제다. 선진국에서는 이러한 현대적인 진단 검사가 표준화되어 있지만, 탄자니아와 같은 가난한 국가에서는 검사 비용이 너무 비싸서 대부분의 국민이 이를 감당할 수 없다. 그래서 대부분의 탄자니아 병원에서는 타액 샘플 분석에 단순한 광학 현미경만 사용한다. 현대적인 진단 검사에 비해 비용은 훨씬 저렴하지만 그만큼 정확성도 떨어진다. 타액 샘플 검사 결과의 정확도는 50퍼센트 미만이다.

여러분은 이 문제를 해결하는 데 중요한 역할을 하는 동물이 사람들에게 사랑받지 못하는 쥐일 것이라고는 짐작도 못 했을 것이다. 단 보통 시궁쥐가 아니라 감비아도깨비쥐 *Cricetomys gambianus*다. 전문적인 훈련을 받은 감비아도깨비쥐는 탁월한 후각으로 지뢰 탐색 작업뿐만 아니라, 타액 샘플에서 종양 유전자를 확인하는 데도 도움을 주고 있다. 놀랍게도 이 쥐들은 실험실에서 현미경으로 암세포를 분석하는 전문가보다 잠재적인 결핵 환자를 확인하는 능력이 훨씬 뛰어났다. 그뿐만이 아니었다. 샘플을 분석하는 속도도 이 쥐들이 결핵 진단 전문가보다 훨씬 뛰어났다. 결핵 진단 전문가가 100개의 암 유발 인자를 분석하는 데 이틀가량 걸린 반면, 이 쥐들은 겨우 20분밖에 걸리지 않았다.

탄자니아의 모로고로에 소재한 APOPO*라는 비영리 단체는 결핵 세포 냄새를 전문적으로 탐지하는 쥐를 양성한다. 이 쥐들은 새끼일 때부터 환자의 타액 샘플에 있는 결핵균을 탐지하는 훈련을 받는다. 보상 체계에 따른 조건 반사가 이뤄지도록 하는 것이다. 타액 샘플을 정확하게 분석한 쥐들은 자신들이 가장 좋아하는 바나나 죽을 보상으로 받는다. 쥐들이 어떻게 냄새를 정확하게 맡는지에 대해서는 아직 과학적으로 밝혀지지 않았다. 쥐들은 메틸페닐아세테이트, 메틸니코티네이트, 메틸 P-아니스산과 같은 물질을 통해 결핵균 냄새를 맡을 가능성이 크다. 결핵 환자가 내쉬는 공기에서 이 성분이 확인된다.

....

*   Anti-Personnel Landmines Removal Product Development. 대인 지뢰 제거 장치 개발 프로젝트. - 옮긴이

결핵균 냄새를 탐지하는 쥐를 훈련시키는 데 걸리는 기간은 1년 반 정도이고, 쥐 한 마리당 훈련 비용이 6,000유로에서 7,000유로 사이이므로 결코 저렴하다고 볼 수는 없다. 하지만 장기적인 관점에서 그럴 만한 가치가 있는 투자다. 훈련받은 쥐는 최대 8년 동안 결핵균을 탐지할 수 있다.

일상에서 결핵균 탐지 쥐는 안전을 위한 백업용이다. APOPO는 쥐를 이용해 타액 샘플을 한 번 더 검사하기 때문이다. 쥐의 진단 절차는 비교적 단순하다. 타액 샘플 분석 프로세스를 진행할 때 쥐들은 플라스틱 박스에 있고, 실험자들은 플라스틱 박스 아래의 작은 구멍으로 타액 샘플을 차례로 준다. 타액 샘플에 결핵균이 있는 경우 쥐는 구멍 쪽으로 킁킁대며 냄새를 맡는다. 이런 행동은 타액 샘플 분석 결과가 양성이라는 뜻이다.

쥐의 탐지 결과가 양성으로 판정되면 병원에서 해당 환자를 찾아 치료를 받게 한다. 지금까지 탄자니아에서는 이 방법으로 35만 개의 타액 샘플을 검사했고 그중 결핵 환자인데 건강하다고 오진된 경우는 9,000여 건 정도다.

당뇨병을 경고하는 닥터 훈트

개는 이미 수십 년 전부터 다양한 활동을 보조하는 데 투입되어 왔다. 경비견과 안내견은 소위 '사역견'이다. 마약과 폭발물, 혹은 시체나 실종자를 수색하도록 특수 훈련을 받는 개들도 있다. 하지만 의료 진단에 특수견이 투입되기 시작한 것은 비교적 최근의 일이다.

의료 진단용 특수견 중에는 환자에게서 암세포 냄새를 맡을 수 있는 개도 있지만 '당뇨병 경고견'도 있다. 당뇨병 경고견은 당뇨병 환자를 돌보면서 혈당 수치에 위험한 변화가 나타나는지 식별하는 훈련을 받는다. 이러한 특수견들은 당뇨병 환자에게 저혈당 혹은 고혈당의 조짐이 느껴지는 즉시 이 사실을 주인에게 알리고, 응급 상황 발생 시 조치하는 훈련도 받는다. 잘 훈련받은 당뇨병 경고견은 저혈당 혹은 고혈당 현상이 나타나기 전부터 환자의 몸 상태 변화를 감지할 수 있다. 덕분에 당뇨병 환자들은 혈당을 정상 수치로 되돌리기 위한 소중한 시간을 벌 수 있다.

당뇨병 환자에게 혈당 조절 타이밍은 생존과 직결된다. 당뇨병 환자가 인지 장애 때문에 자신이 심각한 저혈당 상태라는 사실을 자각하지 못하는 경우 혼수상태나 사망에 이를 수 있다.

당뇨병 경고견은 소아 당뇨 환자에게 특히 많은 도움을 준다. 특히 제1형 당뇨병을 앓고 있는 아동은 수면 중에 저혈당 상태에 빠지는 경우가 많다. 이런 변화가 나타날 때 아이의 부모를 깨우도록 당뇨병 경고견을 훈련시킬 수 있다.

당뇨병 경고견이 이렇게 놀라운 활약을 할 수 있는 것은 뛰어난 후각 덕분이다. 개의 후각 점막 면적은 약 150제곱센티미터인 데 비해 인간의 후각 점막 면적은 5제곱센티미터다. 또 개의 후각 세포는 약 2억 개인 데 비해 인간의 후각 세포는 겨우 5백만 개다. 이 탁월한 후각 덕분에 개는 인간이 호흡하거나 땀을 흘릴 때 일어나는 아주 미세한 화학 변화로 발생하는 냄새를 맡을 수 있다.

하지만 탁월한 후각 하나만으로는 훌륭한 당뇨병 경

고견이 될 수 없다. 후각만큼이나 시각과 청각도 중요하다. 게다가 당뇨병 경고견은 주인의 음역에서 나타나는 아주 미세한 변화나 이상 행동을 알아차릴 수 있다. 또한 이 방식으로 사람의 순간적인 상태를 파악할 수 있다. 주인과의 강한 유대감과 위급할 때 주인을 돕고 싶어 하는 욕구도 중요한 역할을 한다.

저혈당이나 고혈당이 될 조짐이 보일 때 당뇨병 경고견은 주인의 손, 귀, 다리, 입에 자신의 코를 대거나 앞다리를 올려놓으며 위험을 알린다.

당뇨병 경고견이 되기 위한 조건은 상당히 까다롭다. 정확한 타이밍에 저혈당이나 고혈당이 될 조짐을 후각으로 감지하는 것 외에도 갖춰야 할 능력이 많다. 당뇨병 경고견이 되려면 최대 2년 동안 혈당 측정기 가져오기, 응급 버튼 작동하기, 포도당 혹은 탄수화물 함유 음료 가져오기, 도움 얻기, 문 열어주기 등의 훈련을 받아야 한다. 계단을 오를 수 없거나 길을 건널 수 없는 상황에서는 자신이 '주인의 명령에 복종할 수 없는 상황'임을 밝힐 줄도 알아야 한다.

미국, 네덜란드, 영국에서는 14년 전부터 당뇨병 경고견을 훈련하고 있다. 독일에는 2007년에 이 훈련이 도입되었다.

당뇨병 경고견 훈련에 대한 의견은 사람마다 다르다. 당뇨병 경고견이 되려면 태어날 때부터 훈련받아야 한다고 주장하는 사람들도 있고, 나이가 많든 적든 모든 개가 당뇨병 경고견으로 훈련받을 수 있다고 주장하는 사람들도 있다.

일부 개 훈련사(개 연구자)들은 독일의 셰퍼드가 당뇨병 경고견으로 가장 적합하다고 말한다. 셰퍼드는 주인의 마음에 들고 싶어 하고 주인을 도우려는 욕구가 다른 견종보다 더 강하기 때문이다. 당뇨병 경고견으로서 푸들, 래브라도, 콜리, 골든레트리버, 오스트레일리아셰퍼드, 코커스패니얼, 스피츠, 셰틀랜드시프도그에 대한 평가도 좋다. 거의 모든 견종이 당뇨병 경고견 훈련을 받고 있다. 개가 큰지 작은지, 활동적인지 얌전한지를 환자의 전반적인 생활에 맞춰 선택하는 것이 견종보다 중요하다.

날개 달린 방사선 전문의이자 예술가 비둘기

비둘기는 많은 사람에게 사랑받는 동물이 아니다. '하늘의 쥐'라고도 불리는 비둘기는 사람들에게 병을 옮기거나, 건물 외벽을 배설물로 더럽히고 보기 흉하게 만드는 해로운 동물로 여겨진다. 오랫동안 사람들은 비둘기가 딱히 영리한 동물이 아니라고 생각해왔다. 그런데 최근 연구 결과는 비둘기가 매우 영리한 동물이라는 사실을 입증하고 있다.

미국의 학술 협회 연구에 의하면 비둘기는 탁월한 장기 시각 기억력을 소유하고 있다. 미국의 학자들은 비둘기에게 다양한 모티브가 담긴 이미지들을 보여주고, 비둘기가 이미지를 알아보면 부리로 버튼을 누르게 했다. 모든 비둘기가 최소 800개의 이미지를 식별했다. 몇몇 비둘기들은 무려 1,200개의 이미지를 식별했다. 심지어 몇 달

후까지 이 이미지들을 식별하는 비둘기들도 꽤 많았다.

비둘기에게 이런 능력이 있다는 사실을 믿지 못했던 아이오와 대학교 연구자들은 비둘기에게 의료 진단용 조직 샘플에서 건강한 조직과 악성 종양 조직을 구분하는 훈련을 시켰다. 이것은 결코 단순한 과제가 아니다. 병리 학자가 뒤죽박죽 섞여 있는 다양한 색깔과 형태의 슬라이드를 정확하게 구분하고 진단하는 훈련을 받는 데 수개월에서 수년이 걸린다.

학자들은 비둘기에게 병리학 전문가 훈련을 시키기 위해 임의의 순서로 종양이 있는 조직과 종양이 없는 조직을 보여주었다. 비둘기들은 조직을 보여줄 때마다 두 개의 버튼 중 하나를 눌러야 했다. 난이도는 점점 높아졌다. 비둘기들에게 종양을 더 높은 배율과 흑백으로도 보여주었다. 그다음에 비둘기들에게 보여주지 않았던 조직 샘플을 보여주었다. 그랬더니 비둘기들은 건강한 조직과 종양 조직을 90퍼센트의 정확도로 구분해냈다. 자신의 경험을 일반화하는 법을 습득한 것이었다. 비둘기는 이렇게 뛰어난 진단 능력을 소유하고 있지만 건강 보험 급여 지급 대상이 아니기 때문에 개인 병원이나 대학 병원에서 인간 방사선 전문의를 대체할 수는 없을 것이다.

비둘기는 보상이 있을 때 시각 예술 작품을 탁월하게 구분해낸다. 이 사실은 일본 게이오 대학교 학자들에 의해 밝혀졌다. 게이오 대학교 연구팀은 실험용 비둘기에게 빈센트 반 고흐와 마르크 샤갈의 작품을 터치스크린으로 각각 네 개씩 임의의 순서로 보여주었다. 반 고흐의 작품을 선택하는 비둘기에게 보상을 준 반면, 샤갈의 작품을 선택하는 비둘기에게는 아무것도 주지 않았다.

정말 놀라운 일이 벌어졌다. 아홉 단계를 거친 후 몇몇 비둘기는 자신들이 한 번도 본 적이 없었던 반 고흐와 샤갈의 작품까지도 구분해냈다. 그사이 화가의 그림 스타일을 구분하는 감각을 발전시켰던 것이다. 한 달 후에는 모든 비둘기가 반 고흐와 샤갈의 작품을 구분할 수 있게 되었다. 심지어 그림 일부를 가려 놓거나 화면의 색을 일부러 바꿔 놓았을 때도 반 고흐의 작품을 90퍼센트의 적중률로 구분했다. 같은 훈련을 받은 비둘기들은 파블로 피카소와 클로드 모네의 작품도 구분했다.

비둘기와 일부 조류는 지금까지 우리가 생각했던 것보다 훨씬 똑똑하다. 최근 체코와 미국에서 실시된 연구에서는 그 이유로 일부 조류의 뇌 신경 세포 배열이 포유류의 뇌보다 훨씬 촘촘하기 때문일 가능성을 제시하고 있다. 쥐와 찌르레기의 뇌의 무게는 거의 비슷하다. 쥐의 뇌에는 겨우 2억 개의 뉴런이 있는 반면, 찌르레기의 뇌에는 그보다 두 배는 더 많은 뉴런이 들어 있다.

미니어처 외과 의사 구더기

구더기가 의사 역할을 한다고? 구더기는 사람들이 호감을 느끼는 생물이 아니다. 그럼에도 어쨌든 구더기는 수많은 사람을 팔이나 다리를 절단할 위기에서 구해주었다. 의학, 정확하게 말해 외과에서 많은 의사가 치료하기 어려운 만성 상처를 다스리는 데 검정파리과Calliphoridae인 구리금파리Lucilia sericata의 유충을 사용한다. 만성 상처는 대개 죽은 세포와 염증성 상처 분비물로 구성된 층으로 덮여 있다. 이러한 층은 상처 회복에 크게 방해가 된다. 박테리아가 번식하기에 이상적인 조건이고, 물리적으로 세포 성장 프로세스를 방해하기 때문이다.

의사들은 구더기가 괴사 조직, 즉 죽어가고 있거나 이미 죽은 조직만 먹는다는 사실을 치료에 이용한다. 상처층은 작은 유충들에게 더없이 좋은 영양 공급원이다. '구더기 요법'에서는 먼저 구리금파리의 유충을 상처 부위에 올려놓는다. 그러면 구더기들이 소화액을 분비하고, 소화 효소가 괴사 조직을 액화한다. 구더기들은 이렇게 생긴 '영양죽'을 흡입한다. 이 과정을 여러 번 거치면 상처가 괴사 조직층에서 사라지고 치료가 끝난다.

구더기의 상처 치료 효과를 처음 글로 남긴 사람은 16세기 프랑스의 외과 의사 앙브루아즈 파레Ambroise Paré 였다. 그는 부상병들의 상처에 구더기가 있을 때 치료 경과가 좋다는 것을 확인했다. 그로부터 약 200년 후 또 한 명의 프랑스인 외과 의사가 나타났다. 군의관이자 '나폴레옹의 주치의'로 유명한 도미니크 장 라레Dominique Jean Larrey는 프랑스의 이집트 원정 당시 특정한 파리의 구더기만이 죽어가는 조직을 제거하고 상처를 치료하는 데 긍정적인 효과를 보인다는 사실을 발견했다. 구더기를 상처 치료에 사용하려는 의사들의 노력은 수포로 돌아가고 말았다. 부상병들이 구더기 치료를 완강히 거부했기 때문이다.

본격적으로 구더기 치료 요법을 도입한 것은 그로부터 60년이 지난 미국 남북 전쟁 때였다. 남부 연합군의 주치의였던 외과 의사 존 포니 자카리아스John Forney Zacharias 는 화농성 상처에 구더기를 사용함으로써 신속하고 효율적인 치료 효과를 보았고 이례적으로 높은 생존율을 기록했다.

그로부터 또다시 60년 후, 미국의 외과 의사 윌리엄 S. 베어William S. Baer가 그때까지 치료할 길이 없었던 만성 골수염 환자의 환부에 구리금파리 유충을 올려놓아 엄청난 성공을 거두고 구더기 요법을 민간인을 위한 외과 치료법에 도입했다. 1930년대와 1940년대는 소위 구더기 요법의 황금기였다. 미국에서만 300개 이상의 병원에서 구더기를 이용했고 여러 제약 회사에서 치료용 구더기를 상업적으로 배양했다. 하지만 1940년대 말 항생제 술폰아미드와 페니실린이 도입되자 구더기 치료법은 점점 잊혀갔다.

항생제에 대한 내성이 점점 강해지던 1990년대 초반, 초소형 동물 외과 의사가 예상치도 못하게 돌아왔다. 미국과 영국의 외과 의사들은 당뇨병 환자처럼 상처 치료가 어려운 환자들에게 구더기 요법을 사용해 엄청난 치료 효과를 보았다. 이후 구더기 요법은 독특한 치료법으로 의료계의 관심을 받았다. 2002년 독일에서만 1,000개가 넘는 개인 병원, 대학 병원, 전문 병원 등이 구더기 요법을 도입했다.

구더기는 상처 치료에 또 다른 가능성을 제시한다. 구

더기가 상처 부위를 먹으면 균이 없어진다. 구더기의 소화 효소에는 항균 물질, 정확하게 말해 세라티신과 디펜신이 들어 있기 때문이다. 구더기는 이것만으로는 충분하지 않은 듯 암모니아 내지는 암모니아 파생물도 분비한다. 그 결과 조직의 pH 수치는 떨어지고 박테리아가 견디지 못하는 산성 환경이 형성된다. 이러한 구더기의 항균능력 때문에 구더기 요법은 기존 항생제에 저항력이 있는박테리아, 소위 복합 저항성균에 감염된 상처를 치료하는데 자주 활용된다.

파리의 유충인 구더기를 염증성 상처 치료에 사용한다고 해서 항생제가 완전히 쓸모없어진 것은 아니다. 구더기의 소화액도 상처 부위에 발생하는 모든 종류의 박테리아를 죽일 수 있는 것은 아니다. 예를 들어 기어 다니는동물에는 녹농균*Pseudomonas aeruginosa*이 자주 검출된다. 이런 동물들은 녹농균에 아주 민감하게 반응하고 녹농균에감염되어 죽는 경우도 많다.

구더기 요법에는 두 가지 방식이 있다. 첫 번째 방식에서 의사는 '살아서 기어 다니는' 유충을 치료에 활용한다. 이 요법에서는 1제곱센티미터의 상처 부위당 10마리의구더기를 올려놓고, 구더기가 마음대로 돌아다니지 못하도록 상처 가장자리에 하이드로젤*을 두껍게 바른다. 그리고 하이드로젤을 바른 부위에 촘촘한 거즈망을 붙이면, 작고 평평하지만 공기가 잘 통하는 일종의 덮이 생긴다.

두 번째 방식은 첫 번째 방식보다 덜 번거롭고 덜 정교하다. 찻잎을 우려먹는 티백처럼 구더기 바이오백을 만들어 상처 부위에 올려놓기만 하면 된다. 이 방식은 시간을 절약할 수 있다는 장점이 있지만 단점도 있다. 구더기 바이오백 제조업체에서 최소량의 구더기를 바이오백에 넣기 때문에 실제 치료에 필요한 양에 못 미친다. 쉽게 말해 적정 용량이 아닌, 너무 많거나 적은 용량이 사용될 수 있다. 적정 용량을 초과할 경우 부작용이 발생할 수 있다. 구더기 바이오백 치료를 받은 환자 중 3분의 1이 구더기 요법 부작용으로 통증을 호소했다. 너무 많은 양의 구더기가 동물 외과 전문의로 투입될 경우, 상처 부위가 너무 작아서 구더기들은 굶주림에 시달리게 된다. 그래서 구더기들의 소화 분비물이 과하게 분비되어 건강한 조직 부위를 손상시킬 수 있다.

....

* hydrogel. 분산매가 물이거나 물이 기본 성분으로 들어 있는 젤리 모양의 물질. 콜로이드, 한천 따위의 진하고 뜨거운 수용액을 식힐 때 얻어진다. ─옮긴이

살아서 기어 다니는 구더기든 바이오백이든 구더기 요법에 사용되는 구더기는 치료 목적으로 배양되어 멸균된다.

하지만 구더기 요법에서 찬양하는 기적의 치료제는 존재하지 않는다. 구더기 요법이 메스와 항생제를 이용한 상처 치료를 능가할 수 없다는 연구 결과도 다수 발표되었다.

치료사이자 다목적 약국인 거머리

이 벌레는 생물학적 측면에서 관찰하면 일종의 '미니 뱀 파이어'이지만 5,000년 넘게 의학 분야에서 매우 유용한 서비스를 제공해왔다. 그 주인공은 다름 아닌 의료용 거머리다. 몸길이가 약 15센티미터인 이 벌레는 인간을 포함한 포유동물들에게서 영양을 얻고 아주 영리하게 행동한다. 이 작은 흡혈귀는 몸 앞쪽 끝 부위를 이용해 물어뜯기 좋은 위치를 더듬어 찾는다. 피부에서 비교적 얇고, 굳은살이나 털이 없는 부위다. 적합한 장소를 찾으면 별 모양으로 된 세 개의 턱으로 꽉 물어버리고 흡반으로 피를 빨아들인다. 거머리의 주둥이에는 약 80개의 작은 석회질 치아가 있어 순식간에 희생양의 피부에 상처를 낸다.

거머리가 물어뜯는 강도는 곤충의 침에 비하면 통증이 적은 편이다. 거머리가 피를 빨아먹을 때 국소 마취 효과가 있는지는 아직 확인되지 않았다. 거머리는 30~60분 동안 자신의 체중보다 최대 다섯 배나 많은 혈액을 흡입한다. 주둥이 사이에서 흐르는 타액을 분비하는 샘에서는 특히 혈액 응고를 방해하는 물질인 히루딘이 나온다. 거머리는 배를 채우고 나면 숙주로부터 떨어진다.

거머리 한 마리로 인한 혈액 손실량은 후출혈을 포함해 50밀리리터에 달한다. 한 사람의 혈액량은 약 5~6리터다. 아담 리제Adam Riese에 의하면 100~120마리 정도의 거머리가 있으면 한 사람의 피를 모조리 빨아들일 수 있다. 따라서 거머리 치료법 1회당 4~12마리의 거머리가 사용되고, 최대 혈액 손실량은 대략 600밀리리터다. 헌혈자에게 제공받을 수 있는 혈액량이 딱 이 정도다. 거머리가 흡입해서 손실된 혈액량은 늦어도 3주 후면 완전히 복구된다.

거머리 치료법은 가장 오래된 의료 요법 가운데 하나다. 의사들은 5,000년보다 훨씬 전부터 거머리를 이용해 다양한 질병을 치료했다고 한다. 고대 그리스와 로마 제국에서 의사들은 화농성 궤양, 피부병, 정맥류를 치료하는 데 이 작은 뱀파이어를 사용했다.

그리고 한참 후인 17세기 초반에 거머리는 주로 '사혈'

에 사용되었다. 당시 지배적인 의학 이론에서는 나쁜 피를 제거해주어야 염증성 질환이나 열병의 치료 속도가 빨라진다고 보았다. 18세기와 19세기에 유럽에서는 사혈이 유행하면서 자연 상태의 거머리 개체 수가 급격히 감소해 거머리가 멸종 위기에 처했다. 하지만 19세기 말엽이 되자 거머리 치료법은 점점 잊혀갔다. 그 이유 중 하나는 현대 의학의 급속한 발전이고, 다른 이유는 박테리아의 존재가 알려지면서 거머리를 통한 박테리아 감염에 겁을 내는 사람들이 점점 늘어났기 때문이었다.

그러다가 몇 년 전 거머리가 의학계에 돌아왔다. 미국에서 피부 이식 수술을 할 때 거머리를 이용해 정맥 울혈을 제거해 위험한 혈전증을 막아내는 데 성공했다는 소식이 알려진 것이 계기였다. 같은 이유로 거머리는 수부외과에서, 분리된 손가락을 봉합하는 수술에 사용되었다.

거머리 치료법은 협심증, 뇌졸중, 유선염, 종기, 담낭염, 대상포진, 고혈압, 정맥류, 편도 농양, 부비동염, 류머티즘, 혈전증, 이명 등 다양한 병상에서 대체 요법으로 점점 더 많이 활용되고 있다.

또한 거머리가 '미니 약국'과 같은 역할을 한다는 것도 밝혀졌다. 연구 결과에 의하면 거머리를 상처 부위에 놓으면 20종 이상의 응고 억제, 경련 이완, 염증 억제, 통증 완화 물질을 분비시키고, 이 물질은 부작용도 일으키지 않는다고 한다.

현재 치료용으로 사용되는 거머리 중에는 자연 상태에서 채취한 것은 없고, 인간이 제작한 특수 배양 시설에서 키운 거머리만 있다. 거머리가 숙주를 물 때 위험한 균을 옮기지 못하도록, 한 번 치료에 사용된 거머리를 다른 환자들에게 재사용하는 것도 금하고 있다. 의사들은 임무를 완수한 거머리를 알코올에 넣거나 얼려 죽인다. 하지만 치료에 사용된 거머리를 죽이지 않고 소위 '은퇴자의 연못'에 최대 30년까지 보관할 수도 있다. 독일 연방 의약품 및 의료기기 연구소 규정에 의하면 안전을 위해 치료용 거머리들을 8개월에 한 번 검역소에 보내야 한다.

다이어트에 이용되는 조충

당신은 먹을 건 먹으면서 괴로운 공복감을 느끼지 않고 살을 빼려고 한다. 그런데 일주일에 여섯 번씩 체육관을 다니며 운동을 하는 스타일도 아니다. 이런 경우에는 무한한 가능성의 세계로 눈을 돌려 새로운 것에 도전하려고 할 것이다. 이번에는 엉뚱하고도 입맛이 뚝 떨어질지도 모를 방법을 논의할 것이다. 바로 날씬한 몸을 만들어준다는 장내 기생충을 이용한 '조충(촌충) 다이어트'다.

조충 다이어트에 관한 사이트에서 게시물을 읽어보면 이 다이어트 방법은 비교적 단순해 보인다. 다이어트를 원하는 사람은 조충의 알이 들어 있는 캡슐을 복용하기만 하면 된다. 캡슐은 신뢰할 만한 인터넷 판매자에게서 구매할 수 있다. 이 캡슐을 복용하면 장내에서 알이 성충으로 자란다. 조충, 즉 장내 기생충은 최대 10미터까지 자랄 수 있기 때문에 상당히 많은 에너지가 필요하다. 장내 기생충은 '새 임대인'인 인간이 섭취한 음식물에서 에너지를 보충한다. 쉽게 말해 여러분이 먹고 싶은 것을 실컷 먹어도 장내에는 이 음식물을 '함께 먹어주는' 조충이 있기 때문에 체중을 감소시킬 수 있다는 것이다. 꿈의 몸무게를 원하는 사람은 조충 다이어트를 시작하면 된다. 여러분이 음식물을 먹는 동시에 '장내 세입자'인 조충이 달려들어 해치워준다.

처음 이 설명을 들으면 확실한 다이어트 방법처럼 느껴지겠지만 사실은 생물학적으로 불가능한 일이다. 인간이 조충의 알을 먹는다고 해도 알이 성충으로 자라서 인간을 감염시킬 수는 없다. 조충의 발달 주기는 이와 다르기 때문이다. 일단 조충의 알에서 조충의 유충, 즉 낭충이 부화해야 한다. 그리고 낭충은 숙주가 바뀔 경우에만 성충으로 자랄 수 있다.

예를 들어 유구조충(갈고리촌충)*Taenia solium*은 다음 주기를 거칠 때만 생길 수 있다. 먼저 돼지가 인간의 배설물과 함께 유구조충의 알을 먹는다. 돼지의 몸속에서 유구조충의 알이 부화해 낭충이 되고, 낭충은 돼지의 근육에 달라붙어 계속 남아 있다. 사람이 익히지 않은 돼지고기를 먹을 경우 돼지고기에 달라붙어 있던 낭충이 사람에게로 옮겨간다. 즉, 숙주가 바뀐다. 이 경우에는 사람의 장 내에 있던 낭충이 조충으로 성장할 수 있다. 쉽게 말해 우리가 낭충에 감염된 날고기를 먹을 때만 유충이 조충으로 자랄 수 있다. 물론 낭충에 감염된 고기를 어디에서나 구할 수 있는 게 아니다.

미국에서는 인터넷에서 '조충 다이어트'에 대한 찬반 논쟁이 뜨겁고, 특히 체중 감량에 실패한 사람들이 조충 다이어트에 관심이 많다. 하지만 미국에서는 조충 소지는 물론이고 구매와 수입도 엄격하게 금지되어 있다. 조충 다이어트를 하고 싶은 미국인은 멕시코로 가야 한다. 미국의 국경 지대에 인접한 멕시코 일부 지역의 뒷골목에 가면 조충에 감염된 소고기가 버젓이 거래되고 있다. 초보자 키트는 무려 1,500달러라고 한다.

다양한 인터넷 사이트에 유포된 자료에 의하면 조충의 알은 건강에 악영향을 끼치고 심지어 목숨을 잃을 수도 있다. 조충의 알이 뇌로 침입하면 치명적인 염증을 유발한다. 이 염증은 시각 및 언어 장애, 마비와 장기 손상, 심지어 사망을 초래할 수 있다.

제대로 해도 조충 다이어트는 부작용을 일으킬 수 있

다. 조충이 인간의 장내에 함께 살면서 숙주로부터 영양분뿐만 아니라 중요한 무기질과 비타민까지 빼앗아가기 때문이다. 그렇게 되면 심각한 영양 결핍 현상이 초래될 수 있다. 장내에 한 가지 이상의 물질이 있는 경우, 일단 구토증은 제외한다고 하더라도 두통, 복통, 설사, 현기증을 비롯해 건강 이상을 유발할 수 있다. 일반적인 다이어트와 마찬가지로 조충 다이어트에도 요요 현상이 발생할 수 있다. 조충이 우리 몸 안의 영양분을 섭취하는 동안 우리 몸은 활발하게 활동하지 않는다. 체중 감량 다이어트 후 정상 식단으로 돌아올 경우 예상치도 못하게 체중이 빨리 증가할 수 있다. 이미 알려져 있듯이 결핍 상태에 있던 우리 몸이 최대한 빨리 부족한 것을 보충하려고 하기 때문이다.

그뿐만 아니라 조충 다이어트는 사회적 측면에서도 절대 권장할 수 없다. 장내에 있던 조충은 결코 개인의 문제로 끝나지 않는다. 한 사람의 장내에 조충이 한 마리만 있어도 대변을 통해 매일 최대 20만 마리의 알이 배출될 수 있다. 조충의 알은 매우 저항력이 강하다. 완벽한 위생 상태에서도 조충의 알이 퍼지는 것을 100퍼센트 막을 수는 없다. 그래서 한 사람 혹은 짐승 한 마리가 조충의 알에 감염될 경우, 앞에서 설명했듯이 치명적인 상태에 이를 수 있다.

게다가 조충 다이어트는 시대정신에서 비롯된 획기적이고 새로운 아이디어가 아니다. 조충을 이용해 공복감을 느끼지 않으면서도 편하게 살을 뺀다는 아이디어는 100년도 훨씬 더 되었다. 20세기 초반에 수많은 잡지에서 '조충 알약'을 몸매를 중시하는 여성들에게 편하게 살을 뺄 수 있는 방법이라고 찬양했다. 당시 이 알약에 정말 조충이 들어 있었는지, 실제로 조충이 없는 허위 광고 제품인지, 현재 확실하게 밝혀낼 방법은 없다.

1960년대에 당대 최고의 오페라 가수인 마리아 칼라스Maria Callas가 조충 다이어트를 했다는 루머가 나돌았던 적이 있다. 소위 '스위스 출신의 유명한 의사'가 조충 다이어트를 권유해서, 프리마돈나인 마리아 칼라스가 단기간 내에 무려 30킬로그램을 감량할 수 있었다는 것이다. 칼라스는 체중을 감량시키는 기생충을 샴페인과 함께 먹었다고 한다. 물론 진정한 디바인 칼라스에게 그 정도의 사치는 문제가 아니었을 테지만 말이다. 이 루머와 관련해 브루노 토시Bruno Tosi가 쓴 마리아 칼라스의 전기 『부엌에 있는 신La divina in cucina』을 주목할 만하다. 토시에 의하면 조충 다이어트는 언론에서 유포시킨 속설이고, 칼라스는 이 루머를 한 번도 부인하지 않았을 뿐이다. 물론 '여신과 같은 존재'인 칼라스가 타르타르스테이크*를 좋아했기 때문에 의도치 않게 조충에 감염되었을지도 모른다. 이것이 급격한 체중 감량이 가능했던 이유였을지도 모르겠다.

....
* 우리나라의 육회와 비슷한 요리. ─옮긴이

임신을 확인하는 개구리

지금으로부터 80년 전, 화학적 임신* 테스트가 아직 발명되지 않았을 때의 이야기다. 여러분은 당시 많은 나라에서 임신 여부를 확인할 때 살아 있는 개구리를 사용했다는 말을 들으면 깜짝 놀랄 것이다. 어쨌든 당시 사람들은 아프리카발톱개구리*Xenopus laevis*가 탁월한 성능의 '살아 있는 임신 테스트기'라는 사실을 발견했다.

　아프리카발톱개구리는 평소에 납작 엎드린 자세로 있다. 이 개구리들은 사하라 남부 우림 지대의 한적한 강에서 서식하고 뒷다리 안쪽에 세 개의 발가락이 있다. 발가락에는 단단하고 검은 발톱이 붙어 있다.

....

* 　수정란이 형성되었지만 완전히 착상되지 않은 상태를 일컫는다. 생화학적 임신이라고도 한다. ―옮긴이

개구리로 하는 임신 테스트 절차는 단순하면서도 정교하다. 먼저 암컷 개구리의 피부에 임신한 것으로 추정되는 여성의 소변을 소량 주입한다. 소변에 들어 있는 호르몬 성분은 이틀 만에 암컷 개구리의 산란을 촉진한다. 산란은 해당 여성이 임신을 했다는 명확한 증거다.

일부 제3세계 국가에도 오래전부터 변형된 형태의 개구리 임신 테스트 방법이 있었다. 이 테스트에서는 주사기를 사용하지 않는다. 주사기를 사용하지 않는 개구리 임신 테스트에서는 아프리카발톱개구리를 샬레에 올려놓고, 임신한 것으로 추정되는 여성의 소변을 붓는다. 이렇게 소변 세례를 받은 암컷 개구리의 피부에 소변이 흡수된다. 해당 여성이 임신인 경우에는 소변의 임신 호르몬 성분이 암컷 개구리의 산란을 촉진시켜 12~24시간 만에 암컷 개구리가 산란한다.

게다가 개구리 임신 테스트기는 계속해서 사용할 수 있다. 임신 테스트에 사용된 암컷에게 수컷 개구리를 붙여주고 4주간의 휴식기를 준 후, 암컷 개구리를 임신 테스트기로 다시 활용할 수 있다.

그 정확성 때문에 당시 살아 있는 개구리를 이용한 임신 테스트에 대한 수요가 많았고, 1930~1940년대에는 아프리카발톱개구리 거래가 성행했다. 계속 오르던 미국의 개구리 수요를 충족시키기 위해 아프리카에서 유럽을 거쳐 미국으로 수천 마리의 개구리가 수출되었다. 1940년대에 개구리 인공 부화에 성공한 이후 아프리카산 개구리 수입이 중단되었다.

1960년대에는 면역학적 기법을 이용한 임신 테스트기가 시장에 출시되었다. 이 검사법은 훨씬 빠르고 간단했기 때문에 개구리 임신 테스트기는 완전히 밀렸다. 한창 수요가 많았던 약국 개구리들은 졸지에 실업자 신세가 되었고 개구리 소유자들은 곳곳에 개구리를 방사했다. 이 개구리들은 제2의 고향에 잘 적응하고 번식해, 현재 미국의 남서부, 프랑스와 네덜란드에 안정적인 야생 아프리카발톱개구리 개체군이 형성되어 있다.

문제는 개구리들이 새로운 환경에는 잘 적응했지만 치명적인 질병을 가져왔다는 것이다. 아프리카발톱개구리들은 소위 항아리 곰팡이균에 감염되어 있었다. 항아리 곰팡이균이 개구리를 비롯한 다른 양서류들의 피부 모공을 막으면서 피부 호흡 곤란으로 인한 질식사를 일으켰다. 사실 균류는 아프리카발톱개구리에는 해를 끼치지 않는다. 이들은 해적 생물*의 전파자이지만 다른 종의 개구리들과 달리 면역력을 갖고 있다.

　이제 살아 있는 생물로 임신 테스트를 할 때 아프리카 발톱개구리와 같은 외래종 개구리가 필요 없다. 지금은 두꺼비와 같은 토종 개구리의 유전자를 조작해서 사용하면 임신 여부를 정확하게 확인할 수 있다.

....

* 　수산 생물의 생육과 번식을 해롭게 하거나 직간접적으로 피해를 주는 생물. – 옮긴이

마취과 의사 전기가오리

자신의 신체를 이용해 전기 충격을 줄 수 있는 동물은 많지 않다. 전기가오리가 바로 그런 동물 가운데 하나다. 전기가오리만의 특별한 가슴지느러미 근육이 전기를 생성한다. 이 근육은 진화 과정을 거치면서 소위 '전기 기관'으로 변형되었다. 모든 전기 기관은 전기를 생성하는 수많은 요소들, 소위 '전기 판'으로 구성되고, 각 요소는 소량의 전압만을 만들 수 있다. 전기를 만드는 열판의 배열은 배터리처럼 전기 기관에서 이뤄진다. 배터리에서 열판은 직렬 혹은 병렬로 연결된다. 총 전압은 근육 세포에서 근육 세포로 이어지며 지속적으로 커지고 방전 상태에서 최대 220볼트까지 올라갈 수 있다. 하지만 가슴지느러미 근육이 전기 기관으로 변형되어서 생기는 단점도 있다. 전기가오리는 '일반' 가오리처럼 우아하게 미끄러지듯 움직일 수 없고, 꼬리지느러미를 측면으로 노를 젓듯 움직여야 해서 힘이 많이 들어간다.

전기가오리는 전기 충격 능력을 먹잇감을 잡는 데 사용한다. 전기가오리는 주식인 작은 물고기와 게에 전기 충격을 가해 마비시키거나 죽일 수 있다. 전기 충격의 효과가 가장 크게 나타나는 거리는 약 0.5미터다. 물론 몸집이 큰 물고기와 돌고래와 같은 포식자, 호기심이 많은 물새도 전기가오리의 전기 충격을 받았을 때 고통을 느낀다.

전기 충격은 인간에게 극도로 불편한 체험이다. 전기가오리를 잘 아는 사람들은 전기가오리가 주는 전기 충격의 효과가 강펀치에 녹다운당하는 것에 비교할 만하다고 했다.

일반적으로 전기가오리의 전기 충격은 생명에 위협을 줄 만큼 강력하지 않다. 하지만 전류의 강도뿐만 아니라 전압은 절대적으로 높은 수치에 도달할 수 있다. 이를테면 전기가오리가 5밀리초의 짧은 시간 동안 전기 충격을 줄 경우 호흡 장애나 심정지 상태에 이를 수 있다. 의학자들에 의하면 이런 심각한 상태가 되려면 20밀리초보다 훨씬 오랫동안 전기 충격이 가해져야 한다.

정말 놀라운 사실은 살아 있는 전기가오리가 다양한

증상의 치료법으로 사용되었다는 것이다. 아리스토텔레스는 전기가오리의 마취 효과를 언급한 적이 있다. 영리한 그리스의 의사들이 지중해가 원서식지이고 '아노디노스Anodynos'라고도 불리는 대리석 무늬 가오리Torpedo marmorata를 진통제로 사용했던 것도 놀랄 일은 아니다. 이들은 불쌍한 두통 환자의 머리에 살아 있는 전기가오리를 그냥 올려놓았다. 고대 그리스에서 전기가오리는 사실상 만병통치약으로 통했던 듯하다. 수술할 때 의사들은 전기가오리를 소위 '살아 있는 마취제'로 사용했다.

고대 로마인들도 의료 목적으로 전기가오리를 사용했지만 그리스인들과는 다른 증상에 사용했다. 로마의 의사 스크리보니우스 라르구스Scribonius Largus는 자신의 대표 저서이자 의료 처방 모음집인 『콤포시티오네스 메디카에Compositiones medicae』에서 전기가오리를 이용해 심한 두통을 치료하는 방법을 상세히 설명했다. "이렇게 오래되고 견디기 어려운 두통을 치료하는 데는 검정 전기가오리가 직방이다. 살아 있는 전기가오리를 통증 부위에 올려놓고 통증이 사라질 때까지 두면 통증 부위가 마취된다. 환자가 마취되었다는 느낌을 받자마자 전기가오리를 제거해야 이 부위의 감각이 손상되지 않는다." 그는 통풍 환자를 치료하는 데도 전기가오리를 이용했다. "통증이 오면 살아 있는 전기가오리를 환자의 발밑에 둔다. 환자는 발, 다리, 무릎까지 통증이 가실 때까지 바닷물에 발을 담그고 서 있어야 한다."

로마의 군의관이었던 페다노스 디오스쿠리데스Pedanos Dioscurides는 클라우디우스 황제와 네로 황제의 주치의이자 고대에서 가장 유명한 약리학자로 알려져 있다. 심지어 그는 전기가오리로 뇌전증 환자 치료를 시도했다고 한다. 페르시아의 의사 이븐시나Ibn Sīnā가 집필한 유명한 의학서 『의학정전al- Qānūn fi at-tibb』에는 전기가오리가 두통, 우울, 뇌전증 발작에 효과가 있다고 쓰여 있다.

전기가오리 요법은 이미 오래전에 잊혔다. 하지만 많은 의사와 물리 치료사들이 여전히 통증과 감각 이상 치료, 약해진 근육을 강화시키는 데 전기를 사용하고 있다. 하지만 이들이 사용하는 전기는 전기가오리의 근육이 아닌 배터리나 전기 코드에서 생성된 것이다.

가사 도우미가 된 꼬리감는원숭이

여러분은 원숭이에게 하반신 마비 환자의 집안일을 도와
주는 훈련을 시킨다는 걸 상상하기 어려울지 모르겠다.
동물에게도 무한한 기회가 열려 있는 나라인 미국에서 몇
년 전 이것이 현실이 되었다. 미국 매사추세츠주의 공익
단체 핼핑 핸즈Helping Hands에서는 장애인의 일상생활 편
의를 위해 원숭이를 가사 도우미로 양성하는 훈련을 하고
있다.

그런데 동물 가사 도우미 훈련생은 인간과 가장 가까
운 유연관계에 있는 침팬지가 아닌, 원서식지가 남아메리
카이고 상대적으로 몸집이 작은 꼬리감는원숭이(카푸친
원숭이)다. 여기에는 여러 가지 이유가 있다. 침팬지는 진
원류에서 가장 영리한 동물이지만, 일정한 나이, 대개 일
곱 살 이후인 사춘기에 이르면 더 이상 인간이 다룰 수 없

다. 침팬지들은 사람들에게 협조하지 않고 공격적인 행동을 보이기도 한다. 심지어 침팬지가 사람을 물어뜯어 상처를 입히는 등 심각한 문제가 발생할 수도 있다.

반면 몸무게가 4킬로그램 남짓이고 키는 50센티미터밖에 안 되는 꼬리감는원숭이는 머리도 좋고 손놀림도 아주 빠르다. 각종 기계의 버튼과 개폐 장치를 조작할 수 있을 정도의 지능이 있다. 또한 사회성이 뛰어나며 호기심과 지적 욕구도 크기 때문에 주인과 평생 친밀한 관계를 유지하고 돌보미로 일하기에 적합하다. 가사 도우미 원숭이는 특히 하반신 마비 환자, 척수 손상으로 팔 일부만 사용하거나 팔을 전혀 사용할 수 없는 사람들에게 투입된다.

가사 도우미 훈련을 마친 원숭이들은 대략 30가지 '도움 활동'으로 장애인들의 일상생활을 지원한다. 이를테면 환자의 코에 안경을 씌워주고, 가려운 부위를 긁어주고, 신문을 넘겨주고, 휴대폰을 가져다주고, 병뚜껑을 열어주고, DVD나 CD를 바꿔주고, 쓰레기를 치워주는 것과 같은 단순한 도움이다.

가사 도우미로 투입되기 전에 꼬리감는원숭이들은 몇 년간 보스턴의 '원숭이 대학'에서 훈련을 받는다. 훈련을 시작하기에 적합한 연령은 여덟 살에서 열 살 정도다. 훈련 1단계에서 훈련사는 레이저 포인터와 "열어줘", "가져다줘", "긁어줘"와 같은 단순한 개념의 명령으로 원숭이들을 훈련시킨다. 다음 단계에서 원숭이들은 조명 스위치, 서랍, CD 플레이어를 작동시키는 법을 배운다. 마지막 단계에서 고급반에 올라간 원숭이들은 휠체어, 침대, 책꽂이, 주방이 갖춰진 소위 '훈련 숙소'에서 실전 훈련에 들어간다. 이 훈련에서는 보상 시스템을 이용한다. 새로운 명령을 습득한 원숭이에게 훈련사가 땅콩버터와 같은 간식을 보상으로 주는 식이다.

원숭이 한 마리를 가사 도우미로 훈련시키는 데 드는 비용은 약 4만 달러다. 처음에는 이 금액이 적지 않다고 여겨지겠지만 조목조목 따져보면 그렇지 않다. 이것은 꼬리감는원숭이의 수명이 40년이라고 가정하고 계산한 금액이다.

하지만 모든 꼬리감는원숭이가 가사 도우미로 적합한 것은 아니다. 예를 들어 또래 원숭이들보다 훈련 효과가 떨어지는 원숭이도 있다. 그리고 훈련을 받은 모든 원숭이가 장애인을 돕는 데 적합한 것도 아니다. 어떤 원숭이는 남성보다는 여성과, 어떤 원숭이는 여성보다는 남성과 잘 맞는 경우도 있다. 어떤 원숭이는 차분한 성격의 주인이, 어떤 원숭이는 활달한 성격의 주인이 잘 맞는다. 어떤 원숭이를 어떤 사람에게 보내야 할지 결정하기 위해 훈련사는 원숭이의 성향을 잘 관찰하고 파악해야 한다.

많은 환자에게 원숭이는 단순한 가사 도우미가 아니다. 원숭이는 인생의 시련을 겪은 주인들에게 삶의 기쁨을 주고, 장애인들에게 외톨이 신세이고 외롭다는 생각을 덜어주는 역할을 한다. 이라크전에서 두 다리를 잃은 참전용사가 이런 말을 했다. "저에게 원숭이는 장애인이 아닌 있는 그대로의 나를 받아들여 주는 유일한 존재입니다."

물론 원숭이를 가사 도우미로 활용하는 방안을 비판하는 사람들도 있다. 동물권자들은 원숭이는 원래 나무 위에서 살기 때문에 주택이나 다가구 주택은 원숭이들이 살기에 적합한 환경이 아니라는 점을 지적한다. 한편에서는 원숭이는 사회적 동물이기 때문에 혼자 살면 안 되고 다른 원숭이들과 어울려 살아야 한다고 한다. 또한 동물권자들은 훈련 방식이 너무 엄하다는 점도 비판한다. 미국 수의사회의 비판도 새겨들을 필요가 있다. 미국 수의사회에 의하면 도우미 원숭이가 주인을 물어뜯는 등 신체적 손상을 입히거나 인간에게 위험한 질병을 옮길 수 있으며, 결코 우습게 볼 일이 아니다.

지느러미가 달린 기적의 치료사 돌고래?

지적·신체적 장애가 있는 아동들을 위한 치료 프로그램 중 돌고래 치료만큼 논란이 많은 것도 없다. 장애 아동을 자녀로 둔 부모들은 다양한 돌고래 치료 센터에서 자녀들이 다정한 돌고래 친구들과 어울리면서 큰 치료 효과를 보았다고 주장한다. 하지만 동물 보호 단체와 많은 학자들은 돌고래 치료가 성공적이라고 평가할 만한 학문적 증거가 없을 뿐만 아니라, 이러한 돌고래의 행동은 종의 고유한 특성이 아니라고 비판한다.

1950년대 후반, 미국의 정신과 의사 보리스 레빈슨Boris Levinson 박사가 행동 장애 아동을 치료할 때, 자신의 골든 레트리버 징글스가 옆에 있기만 해도 긍정적인 영향을 받는 모습을 관찰함으로써 확인한 사실이다. 이 경험은 그가 개를 자신의 치료 방식에 포함하게 된 계기였다. 1962년 그는 당시로서는 정말 도발적이었던 「협력 치료사인 개」라는 타이틀의 논문을 발표했다. 이 논문에서 그는 아동 심리 치료에 개를 투입했을 때 치료 효과가 성공적이었다고 보고했다. 소위 '동물 협진 치료'가 탄생한 것이었다. 이에 대해 인터넷 백과사전 위키피디아는 "정신, 심리/노이로제, 신경 질환 증상과 정신 및/혹은 지적 장애 증상을 치료 혹은 완화시키기 위해, 동물을 투입하는 대체 의학 치료 프로세스"라고 정의한다.

현재 개, 고양이, 말, 라마(!), 돌고래 등이 치료용 동물, 즉 '협력 치료사'로 일하고 있다. 돌고래 치료는 플로리다에서 처음 시행되었다. 1971년 플로리다 국제 대학교의 인류학자인 벳시 스미스Betsy Smith 박사는 장애를 갖고 있던 자신의 형제가 두 마리의 돌고래와 물속에서 놀 때 긍정적인 영향을 받는다는 사실을 관찰했다.

돌고래 치료는 미국의 신경과 전문의이자 행동 연구가인 데이비드 네이탄슨David Nathanson이 1970년대 말, 돌고래가 지적·신체적 장애가 있는 아동에 미치는 영향을 연구하고 이 연구 결과를 바탕으로 '돌고래 인간 치료DHT, Dolphin Human Therapy'를 개발한 것에서 유래한다. 이 치료에는 인간에게 종종 도움을 주었던 돌고래들이 일종의 긍정적 강화* 수단으로 투입되었다. 어린 환자들은 치료사들로부터 다양한 과제를 받았다. 치료사가 준 과제를 이행한 아이는 돌고래와 상호작용을 할 수 있는 기회가 보상으로 주어졌다. 돌고래를 쓰다듬고, 돌고래에게 먹이를 주거나 등지느러미에 바짝 몸을 대고 풀 안을 돌아다니는 것도 허용되었다. 돌고래와 함께 놀고 싶은 아이의 바람은 치료 과제를 수행할 때 집중력을 향상시켰다. 반면 치료사가 준 과제를 충실하게 이행하지 못한 아이에게는 돌고래와 놀 기회가 허락되지 않았다.

네이탄슨에 의하면 아이들은 돌고래의 도움을 받을 때 네 배나 빨리 과제를 습득했다. 하지만 돌고래 치료 비판론자들은 이것이 독립적인 연구를 통해 검증된 결과가 아니라며 강한 의혹을 제기했다.

언론은 새로운 치료법을 앞다투어 보도했고, 돌고래 지원 치료의 획기적이고 놀라운 치료 효과를 소개하며, 중증 장애 아동의 부모들에게 희망을 주었다. 순식간에 전 세계 곳곳에 돌고래 센터가 세워졌고, '돌고래 인간 치

....
* 가치 있는 어떤 것을 제공함으로써 바람직한 행동의 강도와 빈도를 증가시키는 것을 의미한다. ─옮긴이

료' 혹은 이와 유사한 돌고래 치료 서비스가 고가에 제공되었다.

대부분의 돌고래 지원 치료 비용은 상당히 비쌌다. 장애 아동의 부모에게 일주일에 수천 유로를 호가하는 치료비는 엄청난 경제적 부담이었다.

돌고래 치료법의 장기적 효과를 입증할 수 있는 신뢰할 만한 학술 연구 결과도 오랫동안 발표되지 않았다. 2006년에 발표된 독일 뷔르츠부르크 대학교와 뉘른베르크 돌고래 센터의 협력 연구에서도 돌고래 치료법의 확실한 효과를 입증하지 못했다.

100명 이상의 지적·신체적 장애가 있는 아동이 참여한 연구에 의하면 다섯 살에서 열 살까지 중증 장애 아동에 대한 돌고래 치료 효과는 확실하게 검증되었다. 좀 더 자세히 살펴보면 이 연구를 통해 밝혀진 긍정적인 효과는 주로 해당 아동들의 부모가 느꼈던 주관적 평가를 바탕으로 한 것이었다. 치료사들이 참여한 연구에서는 장기적으로 건강 상태가 향상되었다는 사실을 입증할 수 없었다.

1년 후쯤 미국 애틀랜타의 에머리 대학교에서 실시한 연구는 돌고래 치료의 긍정적인 효과가 학문적으로 전혀 입증되지 않았다고 밝혔다. 이 연구를 이끌었던 돌고래 전문가이자 신경과학자인 로리 마리노Lori Marino 박사는 '전문 문헌'의 관점에서 돌고래 치료에 관한 기존의 연구는 방법론적 결함이 있기 때문에 장기적 효과를 입증할 수 없다고 주장했다. 또한 마리노는 아동기 환자들이 돌고래 치료를 받다가 위험한 사고가 발생할 가능성이 있다는 점을 지적했다. 실제로 지난 5년 동안 미국에서는 포획된 상태로 사는 돌고래와 접촉한 인간이 골절과 같은 심각한 신체 손상을 입은 사례가 18건에 달했다.

돌고래 치료법의 시조인 벳시 스미스도 2003년에 발표한 에세이에서 '지느러미를 가진 협력 치료사' 콘셉트로부터 등을 돌렸다. "돌고래를 알지도 못하는 치료사들이 돌고래도 없이 치료 서비스를 제공하며 터무니없는 비용을 요구하는 경우가 비일비재하다. 이런 모든 치료 프로그램은 상처받은 인간과 상처받은 돌고래를 착취하는 행위에 지나지 않는다."

동물 보호 단체에서도 돌고래 치료에 대해 거센 비난을 퍼붓고 있다. 페타PETA, People for the Ethical Treatment of Animals는 돌고래 치료 센터가 돌고래의 고유한 종의 특성을 배려하지 않는 점을 비난한다. 민감한 해양 포유동물인 돌고래는 매일 100킬로미터 이상 자유롭게 수영하고

200미터 이상 깊은 곳에 잠수를 해야 한다. 반면 자연 서식지에 비해 턱없이 작은 수조에서 돌고래들에게는 자유롭게 움직일 수 있는 공간은 물론이고 이동할 기회도 부족하다. 동물권자들은 돌고래들이 자유를 박탈당해 일찍 죽는다고 주장한다.

치료 목적으로 필요한 돌고래의 출처에 대해서도 논란이 많다. 돌고래 치료 반대자들과 동물 보호 단체들은 새끼 돌고래가 부족한 이유가 돌고래 치료 센터 운영자들이 치료용 돌고래로 사용하기 위해 야생 동물을 포획하기 때문이라고 주장한다. 포획 과정 중에 죽거나 포획 첫 달에 스트레스로 사망하는 돌고래가 50퍼센트에 달한다. 반면 돌고래 치료 옹호자들은 포획 상태로 살아가는 돌고래들이 야생 상태의 돌고래보다 평균 수명이 훨씬 길고, 북아메리카의 돌고래 치료 센터에 치료용 돌고래들이 낳은 새끼 돌고래가 있기 때문에 야생 돌고래를 포획할 필요가 없다고 주장한다.

앞에서 돌고래 인간 치료를 만든 사람으로 언급된 데이비드 네이탄슨은 2007년 35명의 장애 아동들과 돌고래처럼 느껴지는 로봇으로 치료를 시도했다. 연구 결과는 정말 황당했다. 35명 중 33명의 아동에게서 로봇 돌고래라고 불리는 치료용 애니매트로닉 돌고래는 살아 있는 돌고래와 똑같거나 더 뛰어난 치료 효과를 보였다!

정력에 좋은 벌레, 가뢰

40대에서 50대 사이 남성의 약 20퍼센트가 발기부전, 이른바 크고 작은 성기능 장애를 겪고 있다는 사실이 여러 연구 결과를 통해 밝혀졌다. 시대와 문화를 막론하고 남성들이 온갖 묘약을 써서 성적 쾌감을 높이고 정력을 왕성하게 하려고 했던 것도 놀랄 일은 아니다. 고대 그리스에서는 주로 바질이나 석류 열매와 같은 식물 생산물을 정력제로 사용한 반면, 로마 제국의 율리우스 카이사르는 동물성 정력제를 선호했다고 한다. 로마의 티베리우스 황제는 전쟁에서 부상을 입어 성적 불능 상태가 되었는데, 황제만을 위해 저 멀리 게르마니아에서 잡아서 꽁꽁 얼려서 수입해온 새의 혀를 먹으며 자신의 불행을 이겨내려고 했다고 한다.

그런데 고대 로마에서 광란을 즐기기 위해 정력제로

처음 사용되며 인기를 끌었던 작은 곤충이 있었다. 바로 '가뢰'다. 가뢰는 독일어로 '스페인 파리Spanische Fliege'라고 하는데, 생물학에서 말하는 '날아다니는 파리'와는 관계가 없다. 리타 베시카토리아*Lytta vesicatoria*라는 듣기 좋은 학명을 가진, 금속성 녹색으로 반짝거리는 작은 갑충*을 말한다.

이 작은 갑충이 정력을 왕성하게 하는 비결은 피에 있다. 가뢰의 체액에는 칸타리딘이라는 독성 자극제가 들어 있다. 건조해서 분말로 만든 가뢰를 충분히 섭취하면, 함유된 칸타리딘 성분 덕분에 요도와 방광 점막이 자극되어 성기의 혈액 순환이 촉진된다. 남성의 경우 발기력이 강화되지만 심한 고통이 동반된다.

오해하지 말아야 할 것은 가뢰를 섭취해도 성욕이 왕성해지지 않는다는 사실이다. 칸타리딘 섭취는 위험한 불장난을 하는 것과 다름없다. 가뢰를 섭취할 때만큼 사랑과 죽음을 가까이에서 접하게 되는 경우도 없기 때문이다. 과잉 복용할 경우(칸타리딘을 0.03그램만 섭취해도 치명

----

* 딱정벌레목의 곤충. 온몸이 단단한 껍데기로 싸여 있고 앞날개가 단단하다. 풍뎅이, 하늘소, 딱정벌레 따위가 있다. ─옮긴이

적이다) 중추 신경 체계가 공격을 받아 12시간 이내에 간부전과 신부전으로 인해 사망에 이르게 된다. 게다가 최음제 효과를 보려면 치명적인 수준의 용량을 복용해야 해서 성적 쾌감을 찾다가 목숨을 잃는 경우가 허다하다. 소량 복용은 성적 쾌감을 높이는 데 별 도움이 되지 않는다.

이쯤하고 다시 고대 로마로 돌아가자. 리비아 드루실라Livia Drusilla는 아우구스투스 황제의 세 번째 왕비로 추문이 많았던 인물이다. 그녀의 초대를 받았던 손님들의 증언에 의하면 그녀는 손님들의 성적 문란을 부추기기 위해 칸타리딘을 음식에 몰래 넣고, 나중에 이것으로 손님들을 옭아맸다고 한다.

한편 16세기와 17세기 프랑스에서 칸타리딘 알약은 늙은 기사들의 필수품이었다. 최음제의 이름도 호색한으로 악명 높은 마레샬 드 리슐리외Maréchal de Richelieu의 이름을 따서 '리슐리외의 사탕'이라고 불렸다. 알렉상드르 뒤마의 소설 『삼총사』에 나오는 리슐리외 추기경은 이 리슐리외의 큰삼촌이니 혼동하지 않길 바란다. 고위 성직자의 이름을 딴 정력제는 이보다 훨씬 많았을 것이다.

반면 모든 정부의 어머니인 전설의 바리 백작 부인은 이미 노쇠한 루이 15세의 총애를 얻기 위해 '후궁들의 사탕', 즉 단맛이 나는 칸타리딘 사탕을 먹었다.

과거에 가뢰는 귀족과 고위 성직자들만 소비가 허용되었다. 하지만 "지나치게 많은 양을 주지 말 것. 여자가 미쳐버린다"라는 1856년 가정 달력의 메모에서 볼 수 있듯이 19세기 중반 시민 계층의 상점에서도 거래되었다. 따라서 1870년 가뢰가 슈투트가르트 주말 시장에서 킬로그램 단위로 거래되었다는 것은 놀랄 일도 아니다.

가뢰는 독성이 강하기 때문에 현재 많은 나라에서 판매를 엄격하게 금지하고 있다. 법으로 금지되어 있음에도 가루로 만든 가뢰를 포기하지 못하고 모험을 거는 사람들도 있다. 1995년 네 명의 대학생이 경련과 혈뇨로 필라델피아의 템플 대학교 부속 병원에 실려 온 적이 있었다. 이들은 파티에서 가뢰가 들어 있는 레모네이드를 마신 것으로 밝혀졌다.

현재 성인용품점이나 인터넷에서 판매하는 '가뢰' 제품은 칸타리딘과 흡사한 효과가 있는 성분을 사용한 것이기에 위험하지 않지만 아무 효과도 없다. 하지만 위약 효과는 결코 무시할 수 없다.

만병통치약 동충하초

초여름 티베트고원에서 펼쳐지는 진풍경은 감탄을 자아낸다. 수만 명의 티베트 사람들이 좁은 땅을 천천히 걸어다닌다. 이들은 정성을 쏟아부어 가며 무언가를 열심히 찾는다. 티베트 사람들이 해발 5,000미터까지 돌아다니며 찾는 것은 금도 보석도 아닌, 전통 한의학에서 가장 귀하게 여기는 치료제 가운데 하나인 동충하초冬蟲夏草다. 진귀하고 기이한 존재인 동충하초는 히말라야 고지에서만 볼 수 있기 때문에 중국에서는 금처럼 귀하게 여긴다.

겨울에는 벌레이던 것이 여름에 버섯으로 변한다는 뜻의 이름을 가진 동충하초는 벌레이되 벌레가 아닌 이중적인 존재다. 이른바 버섯과 벌레의 환상적인 결합 상태다. 이 결합은 겨울에 티베트고원에서 이뤄진다. 박쥐나방과 귀신나방 암컷이 고원의 산지 초원에 알을 낳는 시기다. 모든 나비류 곤충처럼 처음에는 알이 부화해 유충이 되고, 이 유충들은 식물의 뿌리를 먹고 산다. 하지만 얼마 후 그중 많은 유충이 소위 동충하초의 포자에 감염된다. 그리고 균류의 포자에서 다시 미세한 실, 소위 균사가 자란다. 이 균사들은 유충 속으로 침투해 유충 안에서 자라고, 생존과 관련된 중요한 기관을 파괴하지 않을 때까지만 유충을 먹고 산다.

봄이 되면 유충의 몸 전체가 균사체로 채워지고 유충은 죽어서 미라처럼 된다. 이때 유충의 머리에서 5~15센티미터 정도 길이의 곤봉 모양의 갈색 자실체가 자라난다. 이러한 전설의 동충하초는 중국의 전통 한의학에서 애용되었고 지금은 대량 재배가 가능해졌다. 히말라야에서는 매년 최대 200톤의 동충하초가 채취된다. 티베트의 목동과 농부들의 중요한 수입원 가운데 하나가 된 것이다.

중국에서 동충하초는 만병통치약으로 통한다. 간염, 우울증, 무릎 및 허리 통증, 부정맥, 스트레스 등의 증상, 콜레스테롤 수치 낮추기, 시력 향상, 에이즈 치료, 막 수술한 환자를 위한 약으로 사용된다. 이외에 탈모에도 효과가 있다고 한다.

동충하초는 중국에서 오랫동안 최음제로도 사용되어 왔다. 전설에 의하면 수 세기 전에 이미 티베트의 목동들은 자신들이 키우던 야크들이 동충하초를 먹고 난 후 성적 쾌락을 위해 다른 야크들에게 접근하는 모습을 관찰하면서 동충하초의 효과에 주목해왔다. 이후 '히말라야의 비아그라'는 중국에서 최음제로 정착했다.

최근 킬로그램당 동충하초 가격은 폭등했다. 40년 전에는 1킬로그램당 1~2유로에 거래되었으나, 현재 최상품 동충하초는 1킬로그램당 무려 4만 유로에 달한다. 동충하초 가격이 폭등한 이유는 중국 경제의 호황과도 관련이 있다. 그사이 동충하초는 고급 디너파티 메뉴나 유력 정치인이나 고위 공무원에게 아부하기 위해 건네는 뇌물, 즉 신분의 상징이 되었다. 어쨌든 국가적으로는 이익인 셈이다. 관할 행정 구역에서는 타지에서 온 채취자들에게 최대 500유로의 요금을 징수하고 있다.

현재 동충하초는 일부 서구권 국가에서 대량으로 재배되고 있다. 하지만 아직 균류의 발달 과정에 개입하고 인공적으로 유충 내부에서 성장시키는 단계에는 이르지 못했다. 이를 비판하는 사람들은 동충하초 재배의 문제점을 지적한다. "인공적으로 배양된 균사는 유충이 아닌 배양액에서 자란다. 이러한 '인공' 균사는 너무 빨리 자라서 치료 효과가 있는 성분을 만들어낼 수 없다."

발 관리사 닥터 피시

여러분은 혹시 크기는 10센티미터에 지느러미가 달린 발 관리사를 알고 있는가? 전 세계 많은 나라에서 이것은 현실이 되었다. 발 건강을 관리하고 싶은 사람은 '피시 스파'에 다닐 수 있다. 피시 스파의 특수 제작된 수족관에는 작은 물고기들이 있는데, 이 물고기들이 발 관리를 받으러 온 손님들의 발에 있는 각질을 갉아 먹는다. 쉽게 말해 발 관리를 해준다.

이 작은 발 전문가는 다름 아닌 가라루파Garra rufa다. 흔히 닥터 피시로 알려진 가라루파는 약 10센티미터의 크기의 작은 물고기로 중동 지방과 튀르키예에서 살아간다. 특히 아나톨리아의 소도시인 캉갈 인근에 있는 온천에 서식하는 것으로 유명해졌다. 이 작은 물고기들이 하필 사람의 발에 붙어 있는 각질을 먹게 된 이유는 무엇일까? 사실 이 물고기들이 욕조 가장자리에 달라붙어 있던 각질을 먹는 것은 그저 너무 배가 고팠기 때문이다.

온천은 온도가 너무 높아서 동물성·식물성 플랑크톤이 살 수 없다. 먹을 것이 부족하기 때문에 가라루파는 다른 방법으로 영양분을 보충해야 한다. 가라루파가 굶주리던 차에 온천욕을 하는 사람들의 몸에서 각질이 떨어져 나온 것이다. 목욕하는 사람들의 발에 붙어 있는 각질은 가라루파가 평소 쉽게 접할 수 있는 먹을거리가 아닌 데다 단백질도 풍부하다. 방문자들에게는 운이 좋게도 '물고기 발 관리사들'은 마치 스낵처럼 딱딱해진 피부에 특히 민감하다. 부드럽고 매끈한 피부보다는 딱딱하고 거친 피부가 갉아 먹기 좋다.

하지만 '가라루파' 스파라고 쓰여 있는 곳에 항상 가라루파가 있는 것은 아니다. 태국의 비양심적인 스파 운영자들은 가라루파보다 더 싼값에 구입할 수 있는 어종인 기벨리오붕어 *Squalius cephalus*를 사용한다. 물론 이것은 고객들에게 큰 손해다. 기벨리오붕어는 열심히 각질을 뜯어먹지만 가라루파와 달리 아주 날카로운 이빨을 가지고 있어서, 종종 각질화되지 않은 피부까지 뜯어 먹다가 상처를 낸다.

한편 위생 상태가 심각한 피시 스파도 있다. 이런 곳에서는 피시 테라피 전후에 발을 소독하는 과정을 생략한다. 게다가 발이나 다리에 난 상처나 병이 완전히 치료되지 않은 상태에서 스파를 찾는 사람들도 있다. 몸을 충분히 소독하지 않은 상태에서 스파를 이용할 경우 물이나 물고기를 통해 유해한 미생물에 전염될 수 있다.

피시 스파 입장료는 지역마다 다르다. 독일의 경우 일반적으로 한 시간에 40~80유로 사이다. 태국의 피시 스파는 방문 비용이 훨씬 저렴하다. 태국에서는 이용료가 30분당 약 13유로다.

많은 곳에서 피시 스파 방문은 크리스마스 파티 때 와인 한 잔을 곁들이면서 즐기는 이벤트가 되었다. 사람들이 파티를 즐기는 동안 물고기들은 발에 붙어 있는 성가신 각질들을 열심히 뜯어 먹으며 제거해준다. 런던과 뉴욕의 공항에서는 탑승 대기 시간에 피시 스파에서 빨리 발 관리를 받을 수 있다.

피시 스파의 법적 규정은 나라에 따라 다르고 복잡하다. 독일의 경우를 살펴보면, 2011년 9월 노르트라인베스트팔렌주의 자연·환경·소비자 보호 관리청은 지방자치단체와 군에서 미용 목적으로 닥터피시를 사용하지 말 것을 명시했다. "이 행위가 물고기에게 고통, 괴로움, 손상을 입힐 수 있기 때문에 피시 스파는 윤리적 차원의 동물 보호 원칙에 어긋난다"라는 것이었다. 2012년 독일 헤센주 환경부는 동물 보호를 이유로 가라루파를 스파 영업 목적으로 사용하는 것을 엄격히 금했다. 바덴뷔르템베르크주와 바이에른주에도 유사한 규정이 있다. 하지만 법정 소송 결과는 달랐다. 2014년 독일 겔젠키르헨 행정법원에서는 "미용실에서 가라루파를 사용하는 것은 동물의 괴로움을 주는 것을 넘어선 문제이므로 고객을 위해 사용할 수 있다"라는 판결을 내렸다. 2015년 쾰른 행정법원에서도 "미용실에서 동물 보호 규정을 준수하면서 '닥터 피시'를 사용하는 것은 허용된다"라는 비슷한 판결을 내렸다. 프라이부르크 행정법원과 마이닝겐 행정법원에서도 이와 유사한 판결을 내렸다.

가라루파는 환자들의 발을 성가신 각질로부터 해방시켜주는 것보다 더 큰일을 할 수 있다. 이 작은 물고기들은 진정한 '닥터 피시'로 활동하고 있다. 몇 년 전부터 가라루파가 건선* 증상을 완화시키는 데 도움이 된다는 사실이

....

* 만성 피부 질환. 각질 세포의 과다 증식으로 발생한다. ─옮긴이

밝혀졌다. 물론 피부를 뜯어먹는 방법으로 말이다. 굶주린 가라루파가 건선 증상이 나타난 피부를 갉아 먹고 나면 건강한 피부가 재생된다.

많은 사람이 닥터 피시 요법을 이용한 건선 치료 효과는 말이 안 된다고 주장한다. 하지만 '물고기 테라피'를 받고 난 후, 갈라짐, 간지럼, 당김과 같은 건선으로 인한 불편한 증상이 완화되었고 그 효과가 장기간 지속되었다고 증언하는 환자들이 많다. 외형상으로도 증상이 현저히 개선되었고, 학문적으로도 입증되었다. 오스트리아 빈 대학교 연구팀은 2006년 발표한 연구에서 "물고기 테라피는 건선 환자들에게 필요한 치료"라고 밝혔다. 3년 이상 진행된 연구에서 총 67명의 건선 환자가 가라루파와 자외선 치료를 받았다. 물론 결과도 좋았다. 환자의 44퍼센트는 피부 증상이 75퍼센트 감소했지만, 또 다른 44퍼센트는 50퍼센트 정도만 감소했다. 오직 9퍼센트의 환자만 피부 개선 효과가 적게 나타났다. 이 치료를 받고 효과가 전혀 없었던 환자는 없었다.

천연 환각제 콜로라도두꺼비

개구리에게 키스하는 사람은 개구리가 왕자로 변하는 행운을 얻는다. 이건 잘 알려진 동화 〈개구리 왕자〉에서나 가능한 일이다. 그렇다면 만약 두꺼비의 등을 핥으면 어떤 일이 벌어질까? 정신이 몽롱해지고 세상은 총천연색으로 보일 가능성이 매우 크다.

몇몇 종의 두꺼비 등에서 나오는 분비물에는 이른바 강력한 천연 환각제가 들어 있다. 전문가들에 의하면 이 분비물에는 LSD에 맞먹는 환각 효과가 있다. 값싸고 효과 좋은 '두꺼비 마약'의 매력에 빠지는 마약 중독자들이 많다는 사실이 놀라울 것도 없다. 두꺼비 마약 수요는 증가하는 추세다.

환각 효과가 있는 두꺼비 분비물은 특히 농촌 지역에서 많이 소비된다. 두꺼비를 구할 기회가 많기 때문이다.

두꺼비 마약 중독자들이 특히 탐내는 대상은 크기가 최대 20센티미터에 달하는 거대 종인 콜로라도두꺼비*Incilius alvarius*로 오래전부터 농촌 지역에 서식했다. 1990년대까지 콜로라도두꺼비의 환각 성분이 있는 분비물은 소수의 전문가만 알고 있는 비밀이었다. 그런데 1994년 미국 유력 일간지인 《뉴욕 타임스》에 한 교사가 두꺼비 등을 핥은 행위가 적발되어 마약류 관리법 위반으로 체포되었다는 기사가 실리면서 상황이 급변했다.

이 환각 물질은 콜로라도두꺼비만의 독특한 면역 체계로 인해 생성된다. 두꺼비는 후두부와 등의 분비선에서 독성이 있는 물질을 생산할 수 있다. 이 분비물은 포식자로부터 자신을 지키고, 피부에 기생충과 다른 미생물이 들러붙는 것을 막는 데 사용된다. 두꺼비의 분비물이 닿으면 공격자는 피부와 점막에 자극을 느낀다. 이 분비물이 눈에 닿을 경우 일시적으로 실명 상태가 될 수 있다. 작은 포유류나 도마뱀처럼 몸집이 별로 크지 않거나 콜로라도두꺼비를 먹으려는 포식자의 경우 아무 생각 없이 분비물을 섭취했다가 심장 근육이 손상되어 사망에 이를 수 있다.

마약 복용자들은 이렇게 위험한 독성 물질에 손대고 있는 것이다. 두꺼비 분비물에는 반응이 각기 다른 세 가지 환각 물질이 들어 있다. 다이메틸트립타민은 환각 효과가 빨리 나타나게 하는 반면, 5-메톡시디메틸트립타민은 강한 환각 효과, 주로 환각의 강도와 관련이 있다. 부포테닌은 섬광과 같은 시각적 환각을 비롯해 현기증, 혈압 상승, 혼돈 상태를 일으킨다.

핵물리학의 비밀에 정통한 미국의 어느 마약 복용자는 두꺼비 마약을 복용했을 때의 환각 상태를 매우 입체적으로 묘사했다. "내가 듣기로는 20분 동안 지속되는 환각 효과는 내 분자에 있는 전자들이 한 궤도에서 다른 궤도로 이동하는 것처럼 강렬하다."

환각 효과는 두꺼비 분비물을 섭취한 후 약 30분이 지나면 나타나는데, 자기 과시, 감각 왜곡, 쾌감, 능변 등 LSD를 복용했을 때와 유사하다.

하지만 예상치 못했던 부작용이 나타날 수도 있다. 이를테면 두통, 어지럼증, 메스꺼움에서 구토, 눈 떨림 등이 발생할 수 있다. 두꺼비 분비물 복용으로 인해 심장 박동수가 급격히 감소하거나 부정맥이 나타날 경우 정말 위험하다.

유럽에도 피부에 환각 물질이 들어 있는 토착종이 셋이나 있다. 하나는 가장 흔한 종인 유럽두꺼비*Bufo bufo*, 나머지 둘은 훨씬 드문 종인 서유럽 황갈색두꺼비*Epidalea calamita*와 유럽녹색두꺼비*Bufotes viridis*다. 하지만 완전한 환각 상태에 도달하려면 여러 마리의 두꺼비 등을 연달아 핥아야 한다.

두꺼비 독을 복용하는 데는 각종 기술이 응용되고 때로는 아주 야만적인 방식까지 활용된다. 가장 평범하면서 역겨운 복용법은 두꺼비 등에서 갓 분비된 환각 성분을 핥아먹는 것이다. 미국에서는 두꺼비 등을 핥아먹는 사람들을 냉소적으로 '토디'*라고 표현한다. 한편 손재주가 좋은 두꺼비 주인들은 손가락으로 두꺼비의 분비선을 자극해 독성 물질이 분비되도록 짜낸다. 이렇게 얻은 독을 건조한 다음 파이프에 넣고 담배처럼 피운다. 소수이지만 일부 잔인한 사람들은 활활 타오르는 불로 두꺼비를 두려움과 공포 상태로 몰아넣는다. 이렇게 하면 분비물의 양이 현저히 증가하기 때문이다.

기존의 마약류에 비해 두꺼비 분비물은 저렴할 뿐만 아니라 오래 사용할 수 있다. 미국 암시장에서는 두꺼비

....

* 영어에서 '토드(Toad)'는 두꺼비, '토디(Toady)'는 아첨꾼을 뜻한다. ― 옮긴이

한 마리가 약 10달러에 판매된다. 두꺼비를 잘 돌보면 몇 년 동안 하루에 최소 한 번은 분비물을 복용할 수 있다. 한편 야만적인 사람들은 이것보다 오래 사용할 수 없는 방법을 사용한다. 두꺼비를 죽이고 분비물이 들어 있는 피부를 푹 고아서 엑기스처럼 만들어 마신다. 이렇게 가공한 두꺼비 피부를 담배처럼 피우기도 한다.

미국에 두꺼비 분비물을 복용하는 행위에 대한 법적 규정이 있을까? TV 퀴즈쇼나 인터넷에서 이야기되는 대로 미국에서는 두꺼비 등을 핥는 행위가 법으로 금지되어 있을까? 이 질문에 대해서는 단순하게 답할 수 없다. 두꺼비 마약 칵테일의 주성분인 부포테닌과 다이메틸트립타민은 미국에서는 마약류 거래법으로 취급이 금지된 물질이다. 어쨌든 법적으로 그렇다. 복잡한 문제는 여기서부터다.

미국에서 콜로라도두꺼비가 야생에서 서식하는 주는 세 곳이 있다. 그중 캘리포니아주와 뉴멕시코주에서 콜로라도두꺼비는 보호종이기 때문에 어떤 이유로든 포획이 금지되어 있다. 그런데 애리조나주는 상황이 다르다. 이곳에서 낚시 허가증 소지자는 콜로라도두꺼비를 최대 10마리까지 합법적으로 집에서 키울 수 있다. 애리조나주에서 콜로라도두꺼비를 소유하고 있는 사람은 담당 관청에 가서 자신이 고의로 두꺼비 등을 핥았거나 제3자에게 두꺼비 등을 핥게 한 적이 있는지 확실하게 검사를 받아야 한다.

독일의 법적 상태도 이와 유사하다. 다이메틸트립타민과 5-메톡시디메틸트립타민을 순수 물질 혹은 농축된 물질 상태로 소지하는 것은 불법이고, 마약류 관리법 추가 조항에 의하면 두 물질은 처방도 거래도 불가하다. 따라서 이 물질을 소지하거나 거래한 사람은 처벌을 받게 되어 있다. 반면 부포테닌은 마약류 관리법 추가 조항에 언급되어 있지 않다.

건조하거나 가공한 두꺼비의 피부 혹은 분비물을 소지하는 것도 금지되어 있다. 마약류 관리법에 의해 이 물질을 제조하는 행위가 금지되어 있기 때문이다. 법적으로 말하자면 중간 제품 생산에 대한 사실 요건을 충족시키기 때문이라고 할 수 있다. 반면 살아 있는 두꺼비를 소유하는 행위는 금지되지 않는다. 물론 마약을 얻기 위한 목적이 없고 멸종위기종 보호법에 저촉되지 않는 경우에 한한다.

마약 운반책이 된 동물들

마약상들은 국가의 엄중한 단속을 피해 마약을 밀수하는 일에 대해서만큼은 정말 창의적이다. 대량 운반에는 미니 잠수함이나 드론이 사용된다. 반면 소량일 경우에는 콘돔에 포장한 마약을 운반책이 삼켜서 마약을 운송한다. 동물들도 오래전부터 비자발적으로 마약 운반책으로 이용당해왔다.

미국에서 동물을 이용해 밀매를 하다가 마약 당국의 단속에 적발된 마약 거래액은 매년 약 2,500만 달러에 달한다. 하지만 전문가들은 동물을 이용해 수입되는 마약 거래량의 극히 일부만 검문을 거치기 때문에 실제 거래액은 약 5억 달러에 달할 것이라고 한다.

비둘기는 마약 운반책으로 특히 인기가 많다. 잘 알려져 있다시피 훈련된 비둘기, 즉 전서구는 편지나 작은 소포를 A라는 장소에서 B라는 장소로 정확하게 운반할 수 있기 때문이다. 전서구는 특히 소량의 마약을 감옥으로 밀수할 때 많이 투입된다. 전문가에 의하면 잘 훈련받은 비둘기는 하루에 최대 15회 감옥으로 마약을 운반할 수 있다. 2017년 아르헨티나 경찰이 팜파 지역의 산타로사 교도소로 마약을 운반하던 비둘기 한 마리를 사살하면서 비둘기를 이용한 마약 밀매 사례에 세간의 이목이 쏠렸다. 죽은 비둘기는 마리화나, 각종 흥분제, USB 메모리 스틱이 담긴 작은 하얀색 배낭을 착용하고 있었다. 당시 배낭을 맨 죽은 비둘기의 사진은 소셜 네트워크를 통해 전 세계로 퍼졌다. 물론 이 사건이 아르헨티나에서 비둘기를 이용한 첫 번째 마약 밀매 사례는 아니었다. 2013년에 아르헨티나의 마약단속기관은 비둘기를 마약 운반책으로 훈련하는 마약 조직을 검거했다. 이탈리아 경찰 당국에서 파악한 바에 의하면 과거에 나폴리의 마피아들도 비둘기를 마약 운반책으로 투입했다.

하지만 마약 운반책으로 투입되는 비둘기 수는 점점 늘어나고 있다. 2009년 페루의 마약단속반은 타라포토 지역의 정보원에게서 인근의 버스를 검문하라는 팁을 듣고 버스를 수색했다. 이상하게 배가 부풀어 오른 야생 칠면조 두 마리가 새장에 갇혀 있었다. 마약단속반 요원이 자세히 살펴보았더니 칠면조의 배에 크게 꿰맨 흔적이 있었다. 경찰은 칠면조들을 인근 동물 병원으로 이송했고 칠면조들은 수술을 받았다. 배 속에서는 총 5킬로그램에 달하는 비닐 캡슐 28개가 발견되었다. 다행히 두 칠면조는 수술을 받은 후에도 살아남았다.

새뿐만 아니라 개도 마약 운반책으로 투입된다. 앞에서 언급되었던 야생 칠면조와 비슷한 야만적인 방식으로 말이다. 불쌍한 개들은 위가 빵빵해질 때까지 플라스틱 비닐로 포장된 마약을 삼켜야 한다. 목적지에 도착하면 개의 배를 가른 뒤 소포를 꺼낸다. 이러한 방식의 밀매에서는 위가 큰 대형견을 선호한다. 도그 드 보르도, 래브라도, 세인트버나드 같은 대형견은 이 방법으로 최대 1.5킬로그램의 마약을 운송할 수 있기 때문이다.

마약 밀매업자들은 종종 특이한 동물을 마약 운반책으로 사용한다. 1993년 마이애미 공항 세관은 화물에서 평균 길이가 1.5미터인 거대한 보아뱀 종 305마리를 발견했다. 밀매업자 일당은 250그램의 코카인을 콘돔에 넣어서 뱀의 장에 집어넣은 후, 이 불쌍한 뱀들의 항문을 꿰매 버렸다. 야만적인 밀매업자들 때문에 305마리 중 63마리만 살아남았다.

심지어 죽은 동물이나 죽은 동물의 사체 일부가 마약 밀매 수단으로 사용되는 경우도 있다. 2007년 네덜란드의 세관 검색대에서 페루에서 온 화물에 대해 표본 검사를 실시해 약 100마리의 죽은 딱정벌레가 발견되었고 이 벌레들의 배에는 코카인이 채워져 있었다. 코카인 밀매업자들은 최대 10센티미터 크기인 이 벌레들의 등을 가른 뒤 내장을 제거하고 코카인을 채워 넣었다. 그리고 '코카인 사체'의 배를 일반 접착제로 봉합했다. 이런 처치를 받은 모든 딱정벌레의 배에는 무려 수천만 유로에 달하는 코카인이 숨겨져 있었다.

트러플 탐지돈보다는 트러플 탐지견

트러플은 아마도 가장 인기가 많은 버섯일 테지만, 세계에서 가장 비싼 버섯이기도 하다. 전 세계 미식가들이 트러플을 '땅에서 나는 검은 금'이라고 극찬하며, 접시 위에 높인 아주 작은 덩어리를 음미한다. 특히 미식가들에게 많은 사랑을 받고 있는 '흰색 트러플'은 트러플 시장에서 1킬로그램당 1만 5,000유로에 거래된다. 역사학자들은 트러플 사랑이 아주 오래전부터 시작되었다고 한다. 5,000년 전 이집트 고왕국의 파라오 쿠푸는 트러플을 즐겨 먹었다고 한다. 하지만 고대 그리스와 로마에서도 '검정 트러플'을 귀한 음식으로 여겼다고 한다. 특히 검정 트러플은 최음제로 여겨졌기 때문에 사랑의 여신 비너스에게 바쳐졌다. 중세 시대 교회에서는 트러플에 최음 효과가 있고 지하에서 발견된다는 이유로(지하에는 마귀가 살고 있다고 여겼다!) 죄의 화신이라는 낙인을 찍었다. 물론 르네상스 시대에 트러플은 미식으로서의 명예를 회복했다. 그러지 못했더라면 교황의 식사에 그렇게 많은 트러플이 올랐을 리가 없다.

현재 가장 질이 좋고 많은 양의 트러플이 생산되는 곳은 프랑스, 북부 이탈리아, 크로아티아다. 반면 북부 아프리카는 사막 트러플이 유명하다.

트러플은 땅속 30센티미터 아래, 주로 참나무, 포플러나무, 버드나무의 뿌리 부분에서 자라기 때문에 눈에 잘 띄지 않는다. 이런 고가의 트러플을 어떻게 발견할까? 트러플 채집자들은 동물의 도움에 의존한다. 전통적으로 숨겨진 '검은 금'을 찾는 작업에는 후각이 좋은 각종 동물들이 투입되어 왔다.

오래전부터 트러플을 찾을 때 특수 훈련을 받은 돼지, 소위 '트러플 탐지돈'이 투입되었다. 오랫동안 사람들은 땅에서 나는 검은 금을 찾는 훈련에 돼지가 적합하다고 생각했다. 특히 암컷 돼지가 트러플 냄새를 잘 찾아낸다고 믿었다. 트러플의 향이 수컷 돼지의 페로몬, 소위 안드로스테논과 비슷해서 암컷들이 발정 난 수컷과 착각하기 때문이라고 한다.

1991년 이후 '암컷 돼지가 교미 상대를 찾는다'라는 주장은 계속 반박되었다. 프랑스의 학자들은 암컷 돼지들이 트러플을 발견한 자리에서 디메틸설파이드라는 향기 물질을 검출했다. 암컷 돼지들은 트러플의 향이 성호르몬과 비슷해서 성욕을 느꼈기 때문이 아니라 단지 트러플이 맛있어서 잘 찾았던 것이다.

이제 트러플 탐지돈의 인기도 시들해졌다. 요즘에는 돼지보다는 트러플 냄새를 맡도록 특수 훈련을 받은 개를 더 선호한다. 여기에는 여러 가지 이유가 있다. 개들은 자신의 주인에게 기쁨을 주거나 보상으로 맛 좋은 간식을 받기 위해 충성을 다해 트러플을 찾는 반면, 돼지들은 단지 트러플을 먹고 싶어서 트러플을 찾기 때문이다. 게다가 돼지들은 트러플을 주인에게 주지 않고 먼저 먹어버리는 경우도 허다하다. 또한 돼지는 트러플을 파낼 때 나무뿌리를 개보다 많이 손상시킨다. 그래서 이탈리아에서는 트러플 탐색에 돼지 이용이 금지되었다. 게다가 돼지보다 개가 훈련과 이동이 쉽다. 다 자란 돼지는 워낙 무거워서 일반 트럭으로 이동하기 어렵다. 그래서 돼지보다는 개가 선택된 것이다.

이론적으로는 모든 견종이 트러플 탐색에 투입될 수

있다. 하지만 트러플 탐지견이 되려면 고도의 훈련을 받아야 한다. 전통적인 방법을 따르면 태어난 지 얼마 안 된 강아지 시기부터 트러플 냄새를 각인시킨다. 강아지는 어미의 젖과 트러플 즙을 함께 먹는다. 이렇게 특수 훈련을 받은 강아지는 다 자란 후에도 트러플 냄새를 맡으면 저절로 식사를 연상하고, 특히 배가 고플 때 이것이 자신에게 친숙한 냄새, 많은 사람에게 사랑받는 트러플 냄새라는 사실을 바로 알아차린다.

또한 강아지가 놀고 싶어하는 충동을 이용하거나, 트러플을 찾아내면 소시지와 같은 보상이 주어진다는 사실을 강아지에게 가르치는 방법도 있다.

이탈리아 피에몬테의 알바라는 도시 인근에는 트러플 탐지견을 위한 학교까지 있다. 이 학교에서는 110년 전부터 트러플 탐지견을 전문적으로 양성해왔다. 독일에는 1720년에 트러플 탐지견이 처음으로 등장했다. 특수 훈련을 받은 개들은 작센의 선제후인 강건공 아우구스트 2세August II를 위해 트러플을 찾았다.

작은 곤충들도 트러플 탐색에 큰 도움이 된다. 정확하게 말하면 '붉은 트러플 파리Suillia tuberiperda'라고 불리는 작은 파리다. 언뜻 보면 평범한 집파리처럼 생긴 이 파리는 탁월한 후각을 이용해 숲에서 알을 낳는다. 이 파리들이 알을 낳는 장소 아래 트러플이 발견된다. 물론 여기에도 이유가 있다. 알이 부화해 구더기가 되었을 때 새끼들이 비교적 빨리 먹을 것을 찾을 수 있도록 하기 위한 것이다. 구더기의 먹이가 바로 트러플이다. 곤충학 지식이 있는 트러플 채집자들은 이 작은 파리들이 번식하고 머물렀다가 다시 돌아오는 곳을 찾는다. 트러플이 있는 곳을 찾으면 막대기로 휘저어 파리를 쫓아낸다.

뷔르히비츠 진드기 치즈

조심스럽게 표현하자면 진드기는 사람들에게 그다지 환영받는 존재가 아니다. 당연히 그럴 만한 이유가 있다. 거미강Arachnida에 속하는 작은 동물들 대부분은 건강, 위생, 보관에 해로운 동물로 여겨지기 때문이다. 물론 예외 없는 법칙은 없는 법이다. 티로글리푸스 카세이 *Tyroglyphus casei* 라는 학명을 가진 아주 작은 벌레, 진드기는 이색적이기로 유명한 '뷔르히비츠 진드기 치즈'라는 미식을 생산할 때 중요한 역할을 한다. 이 특별한 치즈는 다른 치즈와 같은 원리로 제조된다. 물론 원리만 그렇다. 지금부터 기상천외한 일을 설명하겠다. '일반' 치즈는 숙성에 박테리아나 곰팡이를 이용하는 반면, 뷔르히비츠 진드기 치즈는 진드기가 숙성 과정을 책임진다.

진드기 치즈를 제조할 때는 먼저 카세인*의 물기를 충분히 제거하고 건조한 다음, 소금과 캐러웨이**로 강하게 간을 한다. 어느 정도 시간이 지나고 진드기 치즈에 작고 짧은 막대기 모양이 형성되면 이 치즈를 몇 달 동안 상자 안에 보관한다. 이 상자 안에 있는 수백만 마리의 치즈 진드기가 치즈의 숙성을 돕는다. 치즈의 숙성도와 향을 정확하게 유지하는 역할을 진드기의 타액과 대변이 한다는 사실을 알게 되는 순간 입맛이 뚝 떨어진다.

진드기들이 치즈를 먹어 치우지 못하도록 일종의 농축 사료인 호밀 가루를 계속 상자 안에 한가득 넣어줘야 한다. 치즈 속에서 죽은 진드기는 걱정할 필요가 없다. 이 치즈 진드기는 먹는 재능이 뛰어나서 죽은 동족들까지도 확실하게 먹어 치운다. 약 3개월 동안 꾸준히 진드기 처리 과정을 거치고 나면 치즈가 숙성되고 먹을 수 있는 상태가 된다.

미식가들은 다양한 방식으로 진드기 치즈를 먹는다.

....

* 인단백질의 하나. 포유류의 젖 속에 들어 있는 단백질의 80%를 차지한다. 보통 우유에 산을 가한 다음 침전시켜 얻는다. – 옮긴이
** 쌍떡잎식물 산형화목 미나릿과의 한두해살이풀로 향신료로 쓰인다. – 옮긴이

많은 소비자가 진드기와 함께 치즈를 먹는다. 물론 진드기를 긁어내고 먹는 사람들도 있다. 더 맛있게 먹기 위해 빵에 진드기만 얹어 먹는 사람들도 있다.

맛으로 따지면 진드기 치즈는 독일의 부드러운 하르츠 치즈와 가장 가깝다. 아주 경력이 많은 치즈 전문가는 진드기 치즈의 맛을 이렇게 표현했다. "매우 떫고 입천장에 살짝 쓴맛이 감돈다. 진드기 분비물이 껍질의 단맛을 내는데, 희석된 꿀이 떠오른다. 쓴맛과 단맛이 극명한 대립을 이룬다."

아마 진드기에는 박테리아도 많이 서식하고 있을 것이다. 이런 걸 먹어도 생명에 지장이 없을까? 위생학자들은 이런 걱정을 한다. 호페가르텐 생화학 연구소의 연구 결과 전혀 걱정할 필요가 없다는 사실이 밝혀졌다. 진드기 치즈에서 건강에 유해한 균이 전혀 발견되지 않았기 때문에 식료품 감독청은 진드기 치즈 제조를 허가했다.

하지만 진드기 숙성 치즈는 가격이 저렴하지 않아서 한 번쯤 맛볼 엄두가 나지 않는다. 일반 진드기 치즈는 100그램에 무려 6유로다. 뷔르히비츠 진드기 치즈의 주력 상품은 '뷔르히비츠 하늘 원반'이라는 치즈로, 6개월 동안 진드기에 숙성시킨 이 염소 치즈는 100그램에 12유로가 넘는다.

동독 지역, 정확하게 말해 작센안할트 지역에는 진드기 치즈를 생산해온 전통이 있다. 뷔르히비츠 주민인 생물학 및 화학 교사 헬무트 푀셸Helmut Pöschel이 아니었더라면 이 전통은 끊겼을 것이다. 1990년대 초반 그는 뷔르히비츠의 진드기 치즈 생산 전통을 되살렸다. 그는 탁월한 마케팅 능력을 발휘해 진드기 치즈를 독일 전역에 빠르게 알렸다. 그러지 않았더라면 진드기 치즈가 〈백만장자의 주인공은 누구?Wer wird Millionär?〉라는 TV 프로그램에 어떻게 소개되었겠는가? TV에 자주 출연하는 셰프 슈테펜 헨슬러Steffen Henssler도 〈헨슬러의 그릴Grill den Henssler〉에서 파르메산 치즈 대신 진드기 치즈로 만든 시저 샐러드를 선보였다.

뷔르히비츠 진드기 치즈의 독특함을 더해주는 물건이 있다. 높이 3미터에 3.5톤 중량의 카라라 대리석으로 된 진드기 기념비가 뷔르히비츠 한복판에 세워져 있다. 이 기념비에서는 심지어 냄새도 난다. 진드기 뒷부분의 팬 곳에 항상 작은 진드기 치즈 조각이 놓여 있기 때문이다. 진드기 치즈 기념비도 광고의 아이콘이 될 수 있는 것이다.

말코손바닥사슴 치즈

치즈는 사람들이 정말 좋아하는 음식이다. 전 세계에는 무려 4,000종의 치즈가 있어서 소비자들은 무엇을 선택할지 고민한다. 치즈를 만들 때는 소, 염소, 양의 젖을 가장 많이 사용한다. 물론 물소, 야크, 당나귀, 낙타 젖으로 만든 독특한 치즈도 있다. 그중 세계에서 가장 비싼 치즈는 말코손바닥사슴의 젖으로 만든 치즈다.

말코손바닥사슴 치즈는 매우 희귀해서 1킬로그램에 무려 500유로다. 스웨덴과 러시아에는 말코손바닥사슴 치즈를 전문적으로 생산하는 말코손바닥사슴 농장이 몇 곳 있다.

말코손바닥사슴 치즈 생산에서 가장 큰 걸림돌은 극소량의 유즙만 생산이 된다는 것이다. 말코손바닥사슴은 야생 동물이기 때문에 가축으로 사육하기 어렵다. 아주 어릴 때부터 인간의 손을 타야 가축화에 성공할 수 있다. 게다가 말코손바닥사슴은 많은 수가 좁은 공간에서 무리 지어 살아가는 군집성 동물이 아닌 혼자 살아가는 독거성 동물이다. 실제로 말코손바닥사슴 젖을 짜는 모습은 이렇다. 말코손바닥사슴은 농장 주변에 자유롭게 살다가, 젖을 짜기 위해 목동이 부르면 한곳으로 모인다. 말코손바닥사슴의 기분이 내키지 않으면 젖을 얻을 수 없다.

게다가 말코손바닥사슴의 유방은 젖소에 비해 젖을 짜기 어려운 구조다. 유두가 가늘고 짧아서 엄지와 검지로 유두를 꼭 눌러줘야 젖이 나온다. 그래서 젖을 짜낼 때 말코손바닥사슴들은 매우 괴로워한다. 유방 근육이 아주 단단해서 말코손바닥사슴에게는 착유기도 사용할 수 없다. 그리고 개 짖는 소리와 엔진이 덜커덩대는 소리처럼 거슬리는 소음이 조금만 있어도 유즙이 나오지 않는다.

건장한 몸을 가진 말코손바닥사슴도 착유 과정당 최대 3리터의 젖밖에 생산하지 못한다. 심지어 겨우 몇백 밀리리터밖에 얻지 못하는 경우도 있다. 쉽게 말해 말코손바닥사슴은 1년에 겨우 400리터의 젖만 생산한다. 반면 젖 생산 능력이 뛰어난 소는 1년에 최대 3만 리터를 생산한다. 말코손바닥사슴들은 자주 불안정한 상태가 되기 때문에 착유 과정이 두 시간에 달하기도 한다. 치즈를 생산할 수 있을 만큼 충분한 양의 젖이 모일 때까지 젖은 냉동 상태로 보관된다.

말코손바닥사슴 젖은 우유보다 지방 성분이 훨씬 많고 같은 양의 우유로 만들 수 있는 치즈의 양도 많다. 일반 치즈 1킬로그램을 만드는 데 우유 10리터가 필요하다면, 말코손바닥사슴 치즈 1킬로그램을 만드는 데 겨우 2.5리터의 유즙밖에 들지 않는다.

말코손바닥사슴 치즈는 한 종류밖에 없다. 그 맛을 평가하자면 말코손바닥사슴 치즈가 소젖 치즈보다 향이 훨씬 강하다. 향은 그리스의 페타 치즈와 견줄 만하고 미식가들의 기호에 딱 맞다. 아무 이유 없이 스타 셰프들이 접대 음식에 말코손바닥사슴 치즈를 내는 것이 아니다.

말코손바닥사슴 치즈는 섬세한 향 이상의 것을 제공한다. 러시아 학자들은 말코손바닥사슴 젖에 다량의 리소자임이 함유되어 있기 때문에 말코손바닥사슴 치즈나 젖을 섭취하면 건강에 좋다고 주장한다. 리소자임은 항박테리아 및 염증 억제 작용을 하는 일종의 방어 효소다. 그래서 러시아에서는 만성 염증성 장질환인 크론병 환자에게 말코손바닥사슴 젖을 처방한다. 또한 러시아의 많은 암

환자들이 방사선 치료를 받은 후 면역력을 강화시키기 위해 말코손바닥사슴 젖을 마신다.

하지만 세상에서 가장 비싼 치즈는 말코손바닥사슴 치즈가 아니다. 바로 세르비아 베오그라드의 한 농부가 독점 생산하는, 당나귀 젖으로 만든 '풀레 치즈'다. 풀레 치즈는 1킬로그램당 무려 1,000유로다. 풀레 치즈가 이렇게 고가에 판매되는 이유가 있다. 일단 이 치즈가 희귀종인 발칸당나귀 400마리에서 짜낸 젖으로만 생산되기 때문이다. 이 농부가 키우는 당나귀 무리는 마지막 남은 종이다. 또 다른 이유는 암컷 당나귀가 생산할 수 있는 젖의 양이 매우 적기 때문이다. 하루 생산량이 겨우 4분의 1리터밖에 되지 않는다.

당나귀 치즈의 맛은 스페인의 만체고 치즈*와 비슷하다고 한다. 세계 랭킹 1위였던 세르비아의 테니스 스타 노박 조코비치Novak Djokovic는 2012년 자신이 운영하는 레스토랑 체인에 공급하기 위해 풀레 치즈 1년 치 생산량을 독점 구매하기도 했다.

....

* 스페인의 라만차 지방에서 양젖을 짜서 가열 압착해 숙성시킨 치즈. 옮긴이

세계에서 가장 비싼 커피를 만드는 사향고양이

동남아시아에 서식하는 사향고향이과 '아시아사향고양이*Paradoxurus hermaphroditus*'는 커피 맛을 좋게 만들고 세계에서 가장 비싼 커피를 생산하는 데 큰 역할을 한다. 이것이 그 유명한 고양이 커피다. 원래 사향고양이는 작은 포유동물, 곤충, 벌레를 먹고 산다. 사향고양이는 첫눈에는 마치 족제비와 고양이의 교배종처럼 보인다.

사향고양이가 가장 좋아하는 음식은 잘 익고 설탕처럼 단맛이 나는 커피다. 유감스럽게도 사향고양이는 붉은색 과육만 소화할 수 있기 때문에 커피 원두는 배설물로 배출한다. 커피 농부들은 이 점을 잘 이용했다. 커피 원두가 사향고양이의 소화관을 통과하고 나면 고급스러운 맛, 아주 독특한 맛이 난다. 어떤 과정인지 안다면 먹고 싶은 마음이 사라질 수도 있겠지만, '고양이 처리 과정'을 거친 원두는 전 세계 미식가들에게 극찬을 받는다. 산성인 위액과 풍부한 효소가 일종의 자연 발효와 같은 작용을 일으켜 커피의 쓴맛을 없앤다. 전문가들은 바로 이 과정 덕분에 로스팅 후에 아주 독특한 향이 난다고 주장한다. 인도네시아어로 '코피Kopi'는 커피, '루왁Luwak'은 사향고양이라는 뜻이다. '코피 루왁Kopi Luwak'이라는 이름은 여기에서 유래한 것이다.

사향고양이들은 항상 같은 자리에 용변을 본다. 사향고양이에게 일종의 화장실이 있다는 것은 커피 농부들에게는 행운이다. 덕분에 커피 농부들은 다음 날 같은 장소에 가서 고양이의 장에서 고급화 과정을 거친 원두를 모아, 깨끗하게 씻은 다음 로스팅 장소로 보내기만 하면 된다.

고양이 커피를 발견한 계기는 식민지 시절 인도네시아의 법과 관련이 있다. 당시 커피 플랜테이션 농장에서 재배된 커피는 네덜란드의 식민지 통치자들만 소유하거나 전량을 수출해야 했다. 인도네시아 국민들은 이 규정 때문에 플랜테이션으로 재배된 커피를 가질 수 없었고, 커피를 살 만한 경제적 여유도 없었다. 당시 인도네시아에는 사향고양이가 많았고 인도네시아 사람들은 사향고양이의 배설물에서 원두를 모아서 로스팅했다. 고가 커피가 원래는 가난한 사람들을 위한 음료였던 것이다.

코피 루왁의 가격은 만만치 않기 때문에 커피 애호가들이라고 해도 선뜻 사 먹을 수 없다. 소매가로는 1킬로그램당 300달러가 넘고, 심지어 1,000달러인 것도 있다. 매년 세계 시장에 출시되는 양이 200킬로그램에서 300킬로그램 사이라는 점을 감안하면 눈이 휘둥그레질 정도로 비싼 가격은 아니다.

그렇다면 코피 루왁의 맛은 어떨까? 영국의 유명 배우이자 코미디언 존 클리즈John Cleese는 인터뷰에서 코피 루왁의 맛을 아주 상세히 묘사했다. "흙냄새와 곰팡이 냄새가 풍기고, 시럽처럼 달콤하고, 내용물이 풍부하고, 정글과 초콜릿이 바탕에 깔려 있는 듯한 맛이다." 고양이 커피의 품질이 항상 일정한 것은 아니다. 다양한 요인들이 맛에 영향을 끼친다. 사향고양이가 먹은 것이 어떤 원두인지, 커피 원두가 고양이의 장에서 숲의 흙에 배설될 때까지 걸린 시간이 어느 정도인지, 기상 상태가 어떠했는지에 따라 맛이 달라진다.

고양이 커피로 막대한 수익을 남길 수 있다. 그래서 지난 수십 년 동안 자바와 수마트라에는 사향고양이를 잡아서 철창에 가두고 커피 원두를 배불리 먹이면서 고양이 커피를 대량으로 생산하는 농가들이 나타났다. 필리핀에는 알을 낳는 닭들처럼 사향고양이를 가둬놓는 철창까지 생겼다. 철창에 갇힌 사향고양이는 몸을 거의 움직일 수 없고 피부가 철창에 긁혀서 상처를 입는다. 동물 보호 단체에서 사향고양이 커피 농가를 집중적으로 조사한 결과, 고양이들에게서 탈모나 행동 장애와 같은 결핍 현상이 나타난 것으로 밝혀졌다. 이렇게 학대당한 고양이들은 영양 결핍과 행동 장애 때문에 오래 살지 못한다. 이러한 이유로 동물 보호 단체 페타는 상인들과 소비자들에게 코피 루왁 불매 운동을 촉구하고 있다.

몇 년 전부터는 고양이를 학대하지 않고 우아하게 코피 루왁을 생산할 수 있게 되었다. 독일 연구팀은 1996년 베트남 커피 회사의 의뢰로 커피의 맛에 영향을 끼치는 여섯 가지 효소를 알아내 사향고양이의 소화관에서 분리하는 데 성공했다. 이 여섯 소화 효소는 인공적으로 생산되었고, 이 해법을 적용해 실험실의 커피 원두에 코피 루왁 효과를 냈다. 이 회사는 사향고양이의 소화관이 아닌 실험실에서 생산된 코피 루왁 커피에 특허를 출원했고, 큰 희망에 부풀어 '레겐데Legendee'라는 이름으로 제품을 출시했다. 그러나 소비자들은 당연히도 원조 코피 루왁을 더 선호했다.

　코피 루왁으로 얻을 수 있는 판매 수익은 매우 높은 편이다. 가짜 코피 루왁이 세계 시장에서 대량으로 유통되고 있는 것도 이런 이유에서다. 사향고양이를 이용한 고급화 과정을 거치지 않은 평범한 향의 커피를 화려하게 포장하고 '고양이 커피'라는 로고만 새겨서, 관심 있는 소비자들에게 판매하는 것이다. 고급 기술 설비가 갖춰진 과학 연구소에서 근무하지 않는 한, 일반인들이 진품과 위조품을 구분하는 것은 불가능에 가까운 일이다. 주사전자현미경으로 관찰하면 '진짜' 코피 루왁 원두의 표면에는 분화구처럼 생긴 우둘투둘한 작은 구멍이 있다. 사향고양이의 소화 효소 때문에 생긴 구멍이다. 하지만 평범한 커피 원두에는 분화구처럼 생긴 구멍이 없다. 이외에 각 성분을 분리하는 가스 크로마토그래피 분석법으로 '아로마 프로파일'을 작성할 수 있다. 이 방법을 통해 코피 루왁의 진품 여부를 확인할 수 있다. 하지만 집에 이런 고급 전문 장비를 갖춰 놓은 소비자가 어디에 있겠는가?

　한편 태국 북부에는 다른 동물을 이용해 커피 원두를 생산하는 지역이 있다. 이 동물은 사향고양이보다 사이즈가 한참 크다. 이곳에서는 육지에서 가장 큰 동물인 코끼리를 이용해 커피 원두의 맛을 고급화한다. '골든 트라이앵글 아시아 코끼리 재단Golden Triangle Asian Elephant Foundation'의 동물 보호 시설에는 25마리의 코끼리가 살고 있다. 이 코끼리들은 '블랙 아이보리Black Ivory' 커피 생산에 중요한 역할을 한다. 노역했던 코끼리들이 커피 생산 작업에 투입되는데, 과거의 노동 강도에 비하면 상당히 편한 생활을 누린다. 매일 아침 코끼리들은 자신들이 가장 좋아하는 목욕을 하고 푸짐한 식사를 한다. 메뉴는 바나나와 익힌 쌀, 그리고 커피다. 코끼리의 소화관에서는 사향고양이와 유사한 일이 일어난다. 코끼리의 장내 효소가 커피의 쓴맛을 없애준다. 소화 과정이 끝나면 일꾼들이 코끼리 대변에서 커피 원두를 골라내고, 세척한 뒤, 햇빛에 말린다. 그다음 원두를 로스팅장으로 보낸다. 코끼리 커피를 마셔본 사람들은 이 커피는 향이 정말 부드럽고 과일, 초콜릿, 캐러멜, 맥아 맛이 난다고 한다.

코끼리 커피는 몰디브나 태국 북부 지역의 고급 호텔 네 곳에서만 맛볼 수 있고 한 잔에 34유로다. 커피 한 잔 가격이 이렇게 비싼 이유는 높은 생산 비용 때문이다. 인풋에 비해 아웃풋이 턱없이 적다. 블랙 아이보리 1킬로그램을 생산하기 위해서는 코끼리 한 마리에게 일반 커피 원두 30킬로그램을 먹여야 한다. 이렇게 먹인 커피 원두를 한 알도 챙기지 못할 때가 태반이다. 코끼리들이 목욕 중에 물속에서 볼일을 보다가 쓸려갈 때도 있기 때문이다. 일꾼들은 반쯤 소화된 커피 원두를 코끼리의 대변에서 일일이 손으로 골라내야 한다. 현재 이 회사에서는 1년에 약 300킬로그램의 블랙 아이보리를 생산하고 있다.

세계에서 가장 비싼 커피뿐만 아니라 세계에서 가장 비싼 차茶도 동물의 소화 기관의 도움을 받아 생산된다. 바로 '판다 차'다. 세계에서 가장 사랑받는 희귀 동물인 판다, 대왕판다의 대변만을 차나무에 거름으로 준다. 예전에 서예 교사였던 판다 차의 발명자는 판다의 배설물이 다른 거름보다 훨씬 영양분이 풍부하다고 말한다. 판다가 주식인 대나무를 3분의 1만 소화시키고 나머지 3분의 2는 밖으로 배출하기 때문이다. 판다 차를 즐기는 데 드는 비용 역시 전혀 저렴하지 않다. 이색적인 맛의 판다 차의 한 봉지 가격은 무려 200달러다.

세계 기아의 해결사, 병사 파리

세계 인구는 급속도로 증가하고 있다. 전문가들은 2050년에는 세계 인구가 96억 명에 육박할 것이라고 예측한다. 2015년 기준 세계 인구는 72억 명이었다. 이것은 이렇게 많은 사람들을 먹일 식량이 필요하다는 뜻이기도 하다. 유엔세계식량농업기구는 현재 전 세계에서 약 8억 명이 제대로 먹지 못하고 있다고 추측한다. 이 추세는 더 심해질 것이다. 특히 전문가들은 인류가 동물성 단백질 부족 사태를 맞이할 것이라고 예상한다. 소, 돼지, 닭 등의 가축을 키우려면 대량의 단백질이 필요하다. 지금까지는 동물을 살찌우는 단백질 공급원으로 주로 생선가루를 사용해 왔다. 그러나 바다에 물고기가 없거나 거의 잡히지 않는 구역이 늘어나고 있다. 현재 연간 어획량은 매년 1억 톤에 달한다. 하지만 1950년에는 20톤에 불과했다.

아메리카동애응에*Hermetia illucens*가 이 모든 문제의 해법이 될지도 모르겠다. 영미권에서 흔히 '병사 파리soldier fly'라고 불리는 이 작은 곤충은 집파리보다 약간 크다. 이름이 위협적이지만 병사 파리는 인간에게 전혀 위험하지 않다. 쏘지도 않고 물어뜯지도 않을뿐더러 더러운 질병도 옮기지 않는다.

병사 파리라는 호전적인 이름은 미국 남북 전쟁 당시 붙었다. 그 유래를 알고 나면 입맛이 뚝 떨어질 것이다. 남북 전쟁 당시 구더기들이 특히 많이 발견된 곳은 전사들의 시체였는데, 구더기들이 전사자들의 부패한 살을 신나게 먹고 있었다.

하지만 아메리카동애응에의 유충이 동물성 물질뿐만 아니라 식물성 물질, 쓰레기에서도 영양분을 섭취한다는 사실은 동물성 사료 생산이라는 관점에서 흥미롭다. 아메리카동애응에의 구더기에는 단백질과 지방이 풍부하다. 따라서 구더기는 저렴한 비용의 동물성 사료로 활용될 수 있다. 난낭* 한 개에 무려 1,200개의 알이 들어 있다. 게다가 한 세대의 주기도 상대적으로 짧다. 아메리카동애응에

....

* 알을 보호하는 피막. - 옮긴이

는 매년 최대 10세대의 자손을 형성할 수 있다. 게다가 저렴한 비용으로 아주 쉽게 키울 수 있다. 상한 빵, 무른 과일, 채소 쓰레기뿐만 아니라 축사에서 배출되는 배설물 등 각종 유기물 쓰레기를 유충에게 먹이로 줄 수 있다. 게다가 구더기들은 소화 능력이 매우 뛰어나서, 매일 자신의 몸무게의 두 배나 되는 먹이를 섭취할 수 있다. 쉽게 말해 아메리카동애응에를 이용해 쓰레기를 고가의 바이오매스 자원으로 만들 수 있다. 이렇게 생산된 바이오매스의 42퍼센트는 단백질이고 35퍼센트가 지방이기 때문에 닭, 어류, 돼지와 같은 가축의 사료로 적합하다.

아메리카동애응에게는 또 다른 장점이 있다. 소위 냉혈동물인 작은 곤충들은 쓰레기를 아주 효율적으로 활용한다. 소나 염소와 같은 온혈동물은 체중을 1킬로그램 늘리는 데 10킬로그램의 먹이가 필요한 반면, 구더기 1킬로그램을 생산하는 데 2킬로그램의 먹이만 필요하다. 파리는 오존층에 유해한 온실가스를 훨씬 적게 방출하기 때문에 소나 양보다 훨씬 환경친화적이다.

그사이 여러 국가에서 아메리카동애응에 유충을 소와 같은 가축이나 어류의 먹이로 활용하기 위해 대량으로 키우기 시작했다. 세계 최대 규모의 구더기 생산 공장은 '아그리프로틴AgriProtein'이라는 회사다. 이 회사는 남아프리카의 케이프타운 인근의 소도시인 스텔렌보스에 소재하고 있다. 이곳에서는 매일 닭의 사료로 판매할 200킬로그램의 구더기 분말이 생산된다.

기존의 통념을 깬 아그리프로틴의 혁신은 여기에서 끝나지 않는다. 구더기 생산 업체인 아그리프로틴은 심지어 인간의 대변을 동물 사료로 탈바꿈시켰다. 케이프타운 변두리에 화장실이 설치되었다. 이곳에 모인 인간의 대변은 매주 공장으로 옮겨지고, 공장에서는 인간의 대변과 음식 폐기물을 혼합해 구더기에게 먹이로 준다. 아그리프로틴의 사업은 성공적이어서, 매년 25개의 파리 농장이 추가로 설립되고 있다. 그중 일부는 유럽에 있다.

아메리카동애응에 유충이 인간의 단백질 공급원으로 사용될 수 있을지는 의문이다. 구더기는 밀도 면에서 육류라기보다는 지방질이 많은 오일에 가까운 느낌을 준다. 맛은 그럭저럭 괜찮다. 오스트리아의 파리 전문가는 구더기를 요리하면 감자와 비슷한 맛이 난다고 표현했다.

립스틱 속의 연지벌레

이집트, 그리스, 로마를 막론하고 모든 고대 문화에서는 고급 직물에 화려하고 강렬한 붉은색을 내는 데 작은 깍지벌레를 사용했다. 정확하게 말하면 약 2밀리미터 크기의 암컷 연지벌레*Porphyrophora polonica*다. 여기에서 반드시 짚고 넘어갈 점은 같은 깍지벌레렛과 곤충이라고 해도 종류에 따라 특성이 다르다는 것이다. 이 연지벌레는 인체에 무해한 채식주의자다. 연지벌레는 모든 식물의 당 성분을 섭취함으로써 허기를 달랜다.

전 세계에는 약 3천 종의 연지벌레가 있는데, 그중 90종이 중부 유럽에서 서식한다. 벌레의 크기는 천차만별이다. 가장 작은 종은 0.8~6밀리미터 사이이고, 가장 큰 종은 4센티미터에 달한다. 그중 이 연지벌레는 지중해 지역에 서식하고, 케르메스 참나무에 기생해 살아간다.

고대의 염료를 얻으려면 상당히 많은 공을 들여야 한다. 먼저 케르메스 참나무에 기생하는 연지벌레를 찾아야 한다. 이 단순 노동에 아주 많은 시간이 든다. 이렇게 찾은 연지벌레 1킬로그램으로 만들 수 있는 염료는 기껏해야 50그램이고, 15만 마리의 연지벌레의 목숨이 희생되어야 한다. 염료를 얻으려면 먼저 연지벌레를 건조하고, 물에 황산을 첨가한 후 푹 삶아야 한다.

16세기 중반 스페인 사람들은 아스테카 왕국을 정복한 후 보검선인장Opuntia ficus-indica에 기생하는 연지벌레인 코치닐Dactylopius coccus을 멕시코에서 수입했다. 재래종 연지벌레는 색소 함량이 높은 코치닐에 밀려났다. 얼마 후 카나리아 제도의 푸에르테벤트라섬과 란사로테섬에 엄청난 양의 코치닐 염료를 생산하는 거대한 코치닐 농장이 생겼다. 1870년에만 카나리아 제도에서 무려 3,000톤에 달하는 코치닐 염료를 수출했다. 코치닐은 의복의 염료로만 사용되는 것이 아니었다. 당대의 유명 화가인 틴토레토, 루벤스, 벨라스케스는 코치닐로 그림을 그렸다. 코치닐은 산화가 잘 되지 않기 때문에 지금까지도 가장 안정적인 염료로 여겨진다.

20세기 초반에 비싸지 않은 합성염료가 개발되면서

코치닐은 빠른 속도로 사람들에게 잊혔다. 하지만 일부 소비자들은 합성염료를 용납하지 못한다. 그래서 쿠키의 아이싱, 케이크의 크림, 마멀레이드, 과일 주스 등의 식품이나 립스틱과 같은 화장품에는 연지벌레를 갈아 만든 식품 색소 E120을 사용한다. 생물학적 배경지식을 갖춘 멋쟁이에게는 이 사실이 문제가 될 수도 있다. 그는 입술에 말린 연지벌레의 피가 닿는 것을 원하지 않지도 모른다. 그렇다면 립스틱이 성분 표시를 정확하게 확인해야 한다. E120(연지벌레) 혹은 E124(합성염료).

문제는 또 있다. E120은 동물성 염료다. 붉은 연지벌레 색소를 사용하는 것은 위험할 수도 있다. 소수이지만 코치닐에 알레르기 반응을 보이는 사람들이 있기 때문이다. 두드러기에서 급성 알레르기 반응까지 일어날 수 있다. 또한 동물에게서 추출한 물질이기 때문에 비건에게도 코치닐은 사용해서는 안 되는 물질일 것이다. 독실한 무슬림도 코치닐 성분이 있는 음식을 먹으면 안 된다. 여기에는 두 가지 이유가 있다. 하나는 코치닐에 피가 들어 있기 때문이고, 다른 하나는 곤충의 일부이기 때문이다. 그래서 무슬림들의 금기 사항인 '하람'은 이 염료를 사용하는 것을 엄격하게 금하고 있다.

현재 카나리아 제도에서는 매년 20톤의 코치닐만 생산된다. 주요 생산국인 페루에서는 지금도 연간 200톤의 코치닐을 생산한다. 품질에 따라 차이는 있지만 1킬로그램당 시장 거래 가격은 50~80달러 사이다.

연지벌레는 입술에 선명한 붉은색을 내는 것 외에도 다양한 용도로 활용된다. 2밀리미터 두께의 레코드판 제조가 남부 및 동남아시아, 특히 인도와 태국에서 한창 호황을 누렸던 시절이 있다. 여기에는 암컷 연지벌레가 사용되었다. 20세기 중반까지 셸락 레코드판에서 가장 중요한 성분인 셸락을 생산하는 데는 천연 수지와 비슷한 암컷 연지벌레의 분비물이 필요했다.

연지벌레 암컷은 나무에 군락을 이뤄 살아가며, 빨대 모양 주둥이로 어린 가지의 껍질에서 엄청난 양의 수액을 빨아들인다. 나중에는 자신이 낳은 유충을 보호하기 위해 수액의 수지 성분을 분비해 옹이와 나뭇가지를 딱딱한 수지 껍질로 뒤덮어버린다. 연지벌레들은 그 위에서 살아간다. 셸락 농부들은 수지로 뒤덮여 딱딱해진 나뭇가지를 꺾어서 모은다. 나무에서 수지를 조심스럽게 분리시키고 갈아서 분말로 만든 뒤, 세척하고, 햇빛에 건조한다. 독일의 에밀 베를리너Emil Berliner가 발명한 셸락 레코드판은 아연

레코드판과 에보나이트 레코드판보다 내구성과 음질이 더 좋았기 때문에, 기존의 레코드판을 대체하게 되었다. 셸락 레코드판은 1960년대까지 생산되다가, 비닐 레코드판이 등장하면서 사라졌다. 비닐 레코드판은 음질이 훨씬 우수했을 뿐만 아니라 생산 비용도 훨씬 적게 들었다.

셸락으로 더는 좋은 음질의 레코드판을 만들 수 없었지만 머리카락 관리에 좋은 제품은 생산할 수 있었다. 연지벌레의 엉덩이에서 분비되는 수지는 여자들의 머리카락을 고정하고 윤기가 흐르게 하는 헤어스프레이를 만들기에 적합했다. 셸락 1킬로그램을 생산하는 데 30만 마리의 연지벌레 분비물이 필요하다.

셸락이 과거에만 중요한 제품이었다고 믿는 사람이 있다면 그렇지 않다는 증거를 보여주겠다. 현재 인도에서는 약 300만 명의 사람들이 셸락을 생산해 먹고 산다. 매년 무려 1만 8,000톤의 셸락이 인도에서 생산된다. 합성수지를 대체하고 생리학적·환경적 측면에서 안심할 수 있는 천연 원료인 셸락 덕분에 다양한 업계가 그 이득을 톡톡히 보고 있다. 셸락은 특히 가구와 악기 보호제로, 식료품 산업에서는 E904라는 과일 코팅제로 사용된다. 천연 색소이기 때문에 섭취해도 건강에 해롭지 않아 섭취

용량이 제한되어 있지도 않다. 제약업계에서는 셸락을 정제의 위액 보호막으로 사용하고 있다.

황제의 색을 만드는 자주색 뿔고둥

고대 전설에 의하면 인간은 우연히 세상에서 가장 비싼 염료를 발견했다. 페니키아의 반신반인半神半人인 멜카르트의 개가 지중해 해변에서 독특한 고둥을 먹고 주둥이가 붉은색으로 변했다고 한다. 전설에 의하면 멜카르트가 수건으로 염료를 닦아내려고 했더니 수건이 아름답게 반짝거리는 자줏빛으로 물들었다. 반쯤 신의 이성을 지닌 멜카르트는 이내 자신의 발견에서 잠재력을 알아보았다. 그는 옷을 신비로운 고둥의 체액으로 염색했고, 이 옷을 자신의 연인이자 요정인 티로스에게 선물했다. 이 이야기가 역사가 아닌 전설이라고 할지라도 어쨌든 이것은 역사상 최초의 자주색 옷이었다.

지금은 이 고둥의 정체가 지중해에 서식하는 뿔고둥이라는 사실이 알려졌다. 소위 인두 아래 분비선, 뿔고둥의 숨구멍 표피에서 자주색 염료 6.6 디브롬인디고의 전 단계에 있는 물질인 노란색 점액이 분비된다. 이 염료가 빛과 반응하면 화려한 자줏빛이 펼쳐진다.

이 사실은 오래전부터 알려져 있었다. 로마의 역사가 플리니우스Gaius Plinius Secundus는 자신이 집필한 자연과학 백과사전 『박물지Naturalis historia』에서 고대에 자주색 염료 를 어떻게 생산했는지 아주 상세하게 묘사했다. 먼저 뿔 고둥을 잘게 으깨고 며칠 동안 소금에 절인다. 원래 부피 의 6분의 1만 남을 때까지 으깬 뒤 소변에 담가 바짝 졸인 다. 졸인 색소 표면에 있는 뿔고둥 찌꺼기를 제거하고 천 을 담근다. 이때 천을 햇빛에 건조하는 과정이 매우 중요 하다. 햇빛에 건조해야만 효소 반응이 일어나 염료가 연 한 노란색에서 자줏빛으로 변하기 때문이다.

자줏빛 염색은 정성과 아주 손이 많이 가는 일이다. 자 줏빛 염료 1그램을 생산하기 위해 무려 뿔고둥 1만 마리 의 목숨을 희생시켜야 한다.

정말로 페니키아인이 바다 고둥으로 옷감을 염색하는 법을 발명했는지 역사적으로는 확실치 않다. 하지만 고대 페니키아인이 자주색 염료 생산으로 유명해져 이들을 염 료의 이름을 딴 '포이니케Phoinike' 즉, '자줏빛 나라 사람들'이라고 불렀다는 것만큼은 확실하다.

고대 로마에서도 자주색은 상위 1만 명에게만 허용되는 토가의 색으로 인기가 많았다. 자주색 사용에 관한 엄격한 의복 규정도 있었다. 전체를 자주색으로 물들인 옷을 입을 수 있는 사람은 오직 황제뿐이었다. 반면 기사와 원로원 의원은 토가에 넓은 자주색 줄무늬를 넣을 수 있었는데, 지위에 따라 너비에 차이가 있었다. 값비싼 고급 원료를 통해 얻을 수 있는 수익은 막대했다. 그래서 고대 로마에서는 자주색 염색공들의 길드, 이른바 '푸르푸라리이Purpurarii'를 국가에서 통제했다. 하지만 자주색 염료 판매로 올린 막대한 수익은 황제가 움켜쥐고 있을 때가 많았다.

로마 제국이 멸망하면서 자주색의 전성기도 막을 내렸다. 나중에 콘스탄티노플이 된 동로마 제국의 비잔틴에만 자주색 염료 생산 공장이 몇 군데 남았다.

1468년 교황 바오로 2세가 추기경단과 다른 고위 성직자들을 구분하기 위해 진홍색 외투를 추기경의 공식 복장으로 도입했다. 지금은 추기경의 의복에 고가의 뿔고둥 자줏빛 염료가 아니라, 연지벌레에서 추출한 염료를 사용한다.

지금은 이런 천연 자주색 염료를 사용하지 않는다. 생산 비용이 너무 비싸기 때문에 고급스러운 자주색은 자주색으로 염색된 오래된 천을 복원하는 데만 사용된다.

바다의 금실 잣는 아가씨, 대왕키조개

신비로운 '조개 실'만큼 신화와 전설이 무성한 섬유도 없을 것이다. 순금으로 이루어져 있다는 바다의 비단은 깃털처럼 가벼운 데다 불에 타지 않는다. 바다의 비단은 온갖 전설이 얽혀 있는 소재지만, 아르고호 원정대의 황금양피, 솔로몬왕의 외투, 성배기사 파르치팔의 겉옷 등 전설에 나오는 모든 의복이 그것으로 만들어진 것은 아니다. 세계 최초의 SF 작가인 쥘 베른Jules Vernes은 자신의 대표작 『해저 2만 리』에서 악명 높은 네모 선장과 나우틸루스호의 선원에게 조개 실로 지은 옷을 입힌다. 바다의 비단은 SF 작가들의 엉뚱한 상상 속의 산물이 아니다. 실제로 왕, 교황, 신하들은 조개 실로 지은 옷을 입었다. 조개 실은 실제로 존재한다. 정확하게 말하면 과거에 실제로 존재했다.

족사足絲는 조개로 만든 실이다. 조개는 실 같은 분비물을 내뿜어 몸을 땅에 고정하는데 그것이 바로 족사다. 최대 크기가 1미터에 달하는 지중해에서 가장 큰 조개, 이른바 대왕키조개Pinna nobilis의 족사는 고가의 직물이 된다. 대왕키조개가 실을 만든다는 사실은 수천 년 전부터 알려져 있었다. 그리스의 철학자 아리스토텔레스는 대왕키조개를 '명주실을 지닌 조개'라고 표현했다. 이후 대왕키조개는 '바다의 실 잣는 여인' 혹은 '바다의 누에고치'라는 이름으로도 알려졌다. 반면 이탈리아의 사르데냐에서는 지금도 '바다의 여왕'이라는 예쁜 이름을 사용한다.

대왕키조개는 수심 2~30미터의 깊은 곳에 서식한다. 이곳에는 길쭉하고 뾰족한 돼지 뒷다리가 떠오르는 생김새를 한 조개가 뾰족한 부분을 위로 한 채 바닥에 꽂혀 있다. 대왕키조개는 최장 길이가 20센티미터나 되는 족사를 이용해 바닥에 꼭 달라붙어 있다. 바로 이 족사가 바다의 비단의 원료다.

족사는 정말 놀라운 동물성 물질이다. 끈적끈적한 단백질 분비물은 대왕키조개의 발바닥에 있는 족사의 분비선에서 생성되는데 배출되어 물에 닿자마자 바로 굳어버린다. 이렇게 만들어진 실의 끝에 접착력이 있는 작은 판들이 있어 조개가 모래알, 돌, 바위에 달라붙어 있을 수 있다. 족사는 최고급 명주실보다 품질이 좋고, 아주 질기고 내구성이 뛰어나 잘 끊어지지 않는다. 올리브그린, 갈색, 검정색부터 가장 인기가 많은 반짝이는 금색에 이르기까지 족사의 색깔은 다양하다.

족사를 잘 뽑아내려면 먼저 잠수부가 집게나 철사 올가미를 이용해 질퍽질퍽한 해저에서 조개를 꺼내야 한다. 에너지를 많이 소모시키는 고된 과정이다. 그리고 조개를 땅으로 가져와 껍데기와 족사를 분리하고, 족사를 물에 헹구고 알칼리 용액에 담근다. 이어서 진행되는 수작업에는 정성이 많이 들어간다. 실을 부드럽게 만들기 위해 손가락으로 열심히 비비고 철로 만든 빗으로 빗질을 해줘야 하기 때문이다. 그래야 물레에 돌려도 반짝거리는 아주 섬세하고 부드러운 금색 실이 만들어질 수 있다.

언제부터 족사로 옷을 만들어 입었는지는 알려지지 않았다. 하지만 이집트의 파라오가 이미 족사로 만든 옷을 입었다는 증거는 있다. 고대 로마에서는 금실로 만든 천보다 무게가 훨씬 가벼워서 족사를 사용하기 시작했다. 족사로 만든 옷은 아주 부드럽고 매끄러웠을 뿐만 아니라, 현대의 하이테크 직물처럼 더위, 추위, 습도를 탁월하게 막아주었다고 한다. 중세 시대에 족사로 만든 옷은 워낙 고가였기 때문에 신분이 높은 귀족이나 고위 성직자만 입을 수 있는 사치품이었다. 18세기와 19세기는 본격적인 족사의 호황기였다. 특히 이탈리아 사르데냐와 풀리아의 족사 직물 공장의 생산량은 비단 생산량을 거의 따라잡았다. 1킬로그램의 족사 직물을 생산하려면 대략 4,000마리의 조개를 죽여야 했다.

기록에 의하면 과거에는 모자, 장갑, 외투의 옷깃을 족사로 만들었다고 한다. 부유한 로마인들은 심지어 족사로 만든 토가를 입었다.

고대에 족사는 전혀 다른 용도로 사용되기도 했다. 동로마 제국의 시인 마누엘 필레스Manuel Philes는 부유층 로마 여인들이 자신의 머리를 족사로 장식했다고 한다. "금발머리에 이 실을 꼬아 장식한 소녀가, 뭇 남성들에게 거부할 수 없는 마법을 건다."

지금은 족사로 만든 천을 거의 볼 수 없다. 독일 로스토크 대학교의 동물 박물관에서 족사로 만든 장갑 몇 켤레를 전시하고 있다.

족사로 만든 작품 중 가장 유명한 것은 '마노펠로의 성면'이다. 많은 신학자들이 아주 얇은 수건 위로 예수 그리스도의 얼굴이 보이는 '마노펠로의 성면'은 '토리노의 수의'와 함께 가장 귀한 기독교 유물이라고 평가한다. 하지만 '마노펠로의 성면'에는 현대 과학으로도 풀 수 없는 비밀이 담겨 있다. 족사로 만든 천에는 그림을 그릴 수 없다. 그런데 2003년부터 2007년까지 진행된 연구에서 현미경으로 관찰한 결과 마노펠로의 성면의 양면에서 색소가 발견되었다. 이 수건의 재질 자체가 워낙 얇고 섬세해서 뒤로 신문을 비춰볼 수 있을 정도인데, 그래서 예수 그리스도의 얼굴이 보인다는 것이다. 빛을 비춰 보면 성면은 마치 유리처럼 투명하다. 이 성면에 담긴 비밀과 수수께끼를 풀기까지 앞으로 몇 세대가 더 걸릴 가능성이 높다.

지금도 대왕키조개는 인류에게 큰 도움을 주고 있다. 한때 고급 직물의 재료였던 대왕키조개는 이제 기후 연구의 중요한 도구가 되었다. 대왕키조개 껍데기를 보면 지난 몇 년 동안 그 지역의 수온 상태를 알 수 있다. 수온이 높을수록 대왕키조개 껍데기의 나이테에서 산소 동위원소가 많이 발견된다. 쉽게 말해 대왕키조개 껍데기 성분을 분석하면 수온 변화를 정확하게 확인할 수 있다. 대왕키조개의 수명은 최대 40년이기 때문에 한 권의 책을 읽듯 지난 수십 년 동안의 수온 변화를 읽을 수 있다.

황금 케이프를 만든 마다가스카르 실크 거미

희귀한 동물성 소재로 제작한 옷은 상상을 초월할 정도로 비싸다. 얼마나 비싼지 궁금하지 않은가? 남아메리카의 비쿠냐*로 만든 울 스웨터는 5,000달러다. 세계에서 가장 비싼 티셔츠는 악어가죽으로 만들었는데 한 장에 약 9만 유로이며, 검은 담비 모피 코트는 25만 달러를 호가한다. 그런데 이보다 더한 것이 있다! 전 세계에 진짜 거미줄로 만든 옷이 딱 두 벌 있는데 그중 하나가 필리페스무당거미 Nephila pilipes의 거미줄로 만든 황금 망토다. 이 황금 망토는 대체 얼마일까?

마다가스카르의 필리페스무당거미는 세계에서 가장 큰 거미다. 암컷의 크기는 다리를 포함하면 사람의 손만

....

* 남아메리카 안데스산맥 고지대에 서식하는 라마의 일종. ─옮긴이

하다. 수컷은 암컷에 비해 훨씬 작다. 거미 자체가 큰 만큼 거미줄로 지은 집도 크다. 거미집의 직경은 최대 2미터이고 대개 두 그루의 나무를 잇는다. 필리페스무당거미의 학명만 보아도 거미집이 얼마나 큰지 짐작할 수 있다. '네필라Nephila'는 고대 그리스어에서 유래한 단어로 '거미줄 짜기를 좋아한다'는 뜻이다.

필리페스무당거미의 거미줄은 세계에서 가장 강하고 질긴 이 거미줄로, 강철보다 네 배나 무게를 잘 버티고 나일론보다 신축성이 우수하다. 게다가 이 거미줄은 섭씨 250도의 열도 견디고 방수가 되며 항균 기능도 있는 데다 생물학적으로 분해도 된다. 진정한 하이테크 소재인 셈이다.

황금 망토는 마다가스카르에 거주하는 영국 예술가 사이먼 피어스Simon Peers와 미국 패션 디자이너 니콜라스 고들리Nicholas Godley가 제작했다. 2004년에 이미 두 사람은 거미 실로 만든 머플러를 시제품으로 제작했었다.

필리페스무당거미는 마다가스카르에서는 별로 희귀한 곤충이 아니다. 마다가스카르의 고원지대에 가면 좁은 공간에 수백 개의 거미줄이 쳐져 있는 풍경을 볼 수 있는데, 케이프를 제작하기에 충분한 양이다.

가로 4미터, 세로 2미터의 대형 망토를 제작하는 데 5년 이상의 시간이 걸렸다. 두 사람은 1백만 마리가 넘는 필리페스무당거미를 매일 새벽에 일어나 잡아서 특수 제작한 베틀로 실을 뽑았다. 거미를 판에 고정하고 베틀을 돌려 약 30~40미터의 실을 뽑는다. 이 과정에 총 20분이 걸린다. 1그램의 실을 생산하려면 약 1,000마리의 거미가 필요하다.

실을 뽑는 과정이 끝나면 거미를 놓아준다. 며칠이 지나야 실샘*이 다시 차고 다시 실을 뽑을 수 있기 때문이다. 거미실 뽑기는 장기적인 과정이다. 마다가스카르 실크 거미는 우기인 10월에서 6월 사이에 거미집을 짓기 때문에 이 기간에만 거미를 잡아야 한다. 이렇게 얻은 거미줄을 특수 베틀에 넣으면 직물이 탄생하는 것이다. 그래서 케이프 하나를 제작하는 데 무려 5년의 기간이 걸렸고 35만 유로의 비용이 들었다. 현재 케이프의 가격은 수십 배가 넘는다.

이 망토는 염색을 하지 않았다. 자연에서 유래한 금색

....

* 거미의 배 안에 있는, 거미줄이 되는 액체가 들어 있는 외분비샘. −옮긴이

때문에 마다가스카르 실크 거미를 영어로는 '황금 거미집을 짓는 거미golden orb weaver spider'라고 한다.

황금 망토는 지금까지 네 번 대중에게 공개되었다. 2009년 뉴욕 미국 자연사 박물관, 2011년 시카고 아프리카 미술관, 2012년 런던 빅토리아&앨버트 박물관에서 황금 망토가 전시되었다. 가장 최근인 2018년에는 토론토의 로열 온타리오 박물관에서 '거미: 두려움과 매력'이라는 주제로 꽃과 덩굴뿐만 아니라 작은 거미가 엮여 있는 망토가 전시되었다.

필리페스무당거미가 크다고 겁낼 필요는 없다. 대부분의 다른 거미들처럼 이 거대한 거미는 자신의 먹잇감이 움직이지 못하도록 신경독을 발사하지만, 이 신경독은 인간에게는 무해하다. 또한 필리페스무당거미는 거미 중에서도 덜 공격적이고 온화한 편에 속한다.

앞으로 거미줄로 만든 옷은 점점 많아질 것이다. 그런데 이런 섬유를 만들 때 거미뿐만 아니라 박테리아도 사용된다. 유전자를 변형한 대장균을 이용해 인공 거미줄을 생산하는 기술이 개발된 것이다. 이 인공 거미줄로 만든 파카가 이미 시제품으로 세상에 나왔다.

종이, 얼음, 향수의 탄생에 얽힌 똥

똥으로 금을 만드는 것은 인류의 오랜 꿈이다. 아직 그 꿈이 실현되지는 않았지만 말이다. 하지만 동물의 배설물로 금을 만들어 큰돈을 벌어보겠다는 생각이 완전히 엉뚱한 것은 아니다. 고전적인 방법의 '똥으로 돈 벌기'는 소와 같은 많은 동물들의 '신진대사 최종 생산물'을 액체 거름으로 만들어 파는 것이었다. 액체 거름은 논밭에서 비료로 많이 사용되었기 때문에 그만큼 큰돈이 되었다.

코끼리와 같은 대형 초식동물의 똥은 아주 합리적인 가격의 난방 연료로 각광받는다. 쾰른 동물원에서는 말린 코끼리 똥을 공짜 연료로 사용해 연료비를 대폭 절감했다. 코끼리 똥 1킬로그램으로 4.5킬로와트시의 에너지를 생산할 수 있는데, 이것은 나무와 동일한 수준의 발열량이다. 이 독특한 연료 덕분에 쾰른 동물원은 약 10만 유로의 난방비를 절감하는 동시에, 매년 이산화탄소 배출량을 13톤 감소시킴으로써 환경 보호에도 기여하고 있다.

이보다 더 특이한 방식으로 코끼리의 신진대사 최종 생산물을 활용하는 방법이 있다. 코끼리 똥으로는 종이를 만들 수 있다. 만드는 과정도 전혀 복잡하지 않다. 잘 알려져 있다시피 코끼리는 주로 풀과 나뭇잎만 먹는 초식 동물이다. 하지만 코끼리는 영양분을 소화시키는 능력이 매우 떨어지기 때문에 자신이 섭취한 음식을 절반 가까이 소화시키지 못하고 그대로 내보낸다. 그래서 코끼리 똥은 대부분이 식물 섬유로 이루어져 있다. 이 과정을 거친 코끼리 똥은 두꺼워서 종이를 만들기에 적합하다.

코끼리 똥 종이는 여러 단계를 거쳐 만들어진다. 먼저 코끼리 똥을 깨끗하게 세척하고, 다섯 시간 동안 끓인 다음, 얇은 섬유가 생길 때까지 분쇄한다. 이 섬유를 염색하고 물속에 담가서 망이 촘촘한 체로 걸러낸다. 그리고 종이가 바짝 마를 때까지 체만 햇빛에 세워둔다. 이렇게 만들어진 코끼리 똥 종이는 모양이나 견고함이 전통 방식의 손으로 뜬 종이와 거의 차이가 없고 냄새도 나지 않는다. 코끼리 똥을 끓이는 과정에서 박테리아가 전부 죽기 때문이다.

냄새에 대한 선입견이 있어서 그런지 사람들은 동물의 배설물에서 좋은 향을 얻을 수 있다는 사실을 믿지 못한다. 몇 년 전 일본 연구팀은 소똥을 이용해 비교적 저렴한 비용으로 바닐라향 추출물을 만들 수 있다는 사실을 밝혀냈다. 방법은 아주 간단하다. 소똥에 한 시간 동안 특정한 조건의 압력을 가하면 된다. 그렇게 추출한 결과물의 냄새는 길쭉한 바닐라 깍지와 비슷해서 식료품의 향료로 혼합해 사용할 수 있다. 다만 소똥으로 만든 바닐라 향을 소비자들이 아무 거부감 없이 받아들일 수 있을지는 의문이다. 소똥 바닐라 공정 개발자인 야마모토 마유山本麻由에게 존경을 표하기 위해 이 공정에는 '염-아-모토 바닐라 트위스트Yum-A-Moto Vanilla Twist'라는 이름이 붙었다. 야마모토는 소똥 연구에 대한 업적을 인정받아 이그노벨 화학상을 받았다. 이그노벨상은 미국의 하버드 대학교에서 기발한 연구나 업적에 수여하는 상이다.

동물의 배설물로 만들 수 있는 귀한 향에 바닐라만 있는 것은 아니다. 소똥이 아니라 남아프리카에 서식하는 마멋과 비슷한 동물인 바위너구리Procavia capensis의 딱딱한 똥으로도 향수를 만들 수 있다. 수백 년이 되어 딱딱해진 바위너구리의 똥, 소위 하이러시엄Hyraceum을 아이들이 모아오면 분말로 만들어 알코올에 녹인다. 바위너구리들은 일반적으로 소변과 대변을 보는 장소를 함께 사용한다. 이 공용 화장실은 작은 동굴이나 평평한 산 중턱에 있다. 바위너구리들은 공용 화장실을 수년 동안 함께 사용하기 때문에 배설물이 쌓여 있다. 그래서 바위너구리의 배설물은 상대적으로 쉽게 수확할 수 있다. 전문가들은 하이러시엄에서 사향을 연상시키는 관능적이고 야성적인 냄새가 난다고 말한다.

화폐가 된 조개와 깃털

우리가 신형 텔레비전을 구매하려고 한다면 현금, 체크카드, 신용카드, 온라인 송금 등 여러 가지 지불 방법을 이용할 것이다. 지금도 세계의 많은 나라에서 고유한 풍습에 따라 독특한 형태의 화폐로 물건에 대한 값을 지불하고 있다. 바로 조개, 달팽이, 박쥐 이빨 등 동물의 신체로 만든 원시 화폐다.

소위 '개오지'*로 만든 조개 화폐는 과거에 특히 인도 태평양 지역의 많은 민족들이 사용했는데, 아프리카와 아메리카의 일부 지역에서도 인기가 많은 지불 수단이었다. 그런데 조개 화폐는 생물학적으로는 잘못된 명칭이다. 스

....

* 별보배조개, 자패(紫貝). 영어로는 카우리(Cowrie)라고 한다. 껍데기가 하나로, 동그란 모양에 톱니 같은 틈이 있다. − 옮긴이

웨덴의 식물학자 칼 폰 린네Carl von Linne가 정확하게 명명했듯이 화폐에 사용되는 개오지Cypraea moneta는 조개보다 달팽이에 가깝기 때문이다. 그러니 조개 화폐 대신은 달팽이 화폐라고 해야 옳다.

달팽이 화폐의 가치는 대개 교역 장소와 관련이 있다. 바다에서 멀수록 개오지의 가치가 더 높다. 물론 모든 유럽 국가에서 19세기에 달팽이 화폐로 교역을 했다. 사람들은 개오지를 모조리 잡아들였고 달팽이 화폐를 이용하는 지역에서는 개오지와 원료를 교환했다. 본격적인 인플레이션의 시작이었다. 1810년 우간다에서 결혼한 여성에 대한 몸값은 30개오지였는데, 1857년에는 무려 1만 개오지로 폭등했다.

한편 솔로몬 제도에서 한참 떨어진 곳에 있는 태평양의 산타크루즈 제도에서는 얼마 전까지 새의 깃털로 만든 화폐를 사용했다. 물건을 거래할 때는 깃털을 낱장으로 지불하지 않고 최장 9미터에 달하는 끈에 깃털을 붙여 나선형으로 돌돌 말아 만든 뭉치를 지불했다. 이런 끈은 크기가 15~20센티미터인 대형 열대 참새인 붉은머리꿀빨이새Myzomela cardinalis의 아름다운 진홍색 깃털로 장식되었다. 사람들은 붉은머리꿀빨이새의 깃털을 차지하려고 했다. 특히 수컷의 깃털은 반짝이는 선홍빛을 띠어 인기가 많았다. 폴리네시아의 종교에서 붉은색은 신을 상징한다. 깃털 화폐의 모든 것에 종교적인 관점이 반영되었다. 나선형으로 된 깃털 화폐는 접시 크기 정도이고 5~6만 개의 붉은 깃털로 만들어졌다. 이 화폐를 제작하는 데만 약 600마리의 새가 필요했다.

깃털 화폐는 전통적으로 산타크루즈 제도의 본섬으로부터 남서부에 있는 넨도섬에서 생산되었다. 이 섬만 깃털 화폐를 제작할 수 있는 특권이 있었다. 화폐 제작은 매우 복잡했기 때문에 세 단계의 공정으로 나뉘어 진행되었다. 제작 과정은 각 단계마다 소수의 전문가만 알고 있고, 제작 기술은 아버지에게 전수받았다.

1단계에서는 아주 소심한 성격을 가진 붉은머리꿀빨이새를 잡아야 했다. 새를 잡기 위한 끈끈이는 뽕나무즙으로 만들었다. 그리고 붉은머리꿀빨이새를 다양한 방법을 동원해 끈끈이가 있는 나뭇가지로 유인했다. 살아 있거나 박제로 만든 미끼 새를 나뭇가지에 묶어두거나, 붉은머리꿀빨이새가 다른 새를 유혹할 때 내는 울음소리를 모방했다. 유인된 새가 끈끈이에 붙으면 바로 잡아 뜯어냈다.

마지막 단계에는 판 제작업자가 일했다. 판 제작업자는 활과 화살을 이용해 비둘기를 쏘아 죽였다. 뻣뻣해진 비둘기의 깃털을 잘라 판을 만들고, 붉은머리꿀빨이새의 붉은 깃털을 그 위에 붙였다. 나선형 깃털 구조물을 만들기 위한 판을 제작하는 데만 무려 700시간이 걸렸다.

다음 단계에서는 이 판을 끈에 붙였다. 끈의 너비에 맞춰 제작된 이 판들을 서로 겹치면 기와 같은 모양이 되었다. 드디어 반짝이는 붉은 깃털 두루마리가 탄생한 것이다.

모든 깃털 두루마리의 가치가 똑같지는 않았다. 깃털 화폐에도 단위가 있었다. 깃털 두루마리의 너비뿐만 아니라, 깃털의 색과 보존 상태에 따라 가치가 정해졌다. 색이 더 선명하고 보존 상태가 더 좋을수록 더 가치가 있었다. 깃털 화폐는 총 10등급으로 분류되었다. 1등급의 끈은 색이 가장 환하고, 보존 상태가 가장 좋고, 가장 가치가 높았다. 가장 낮은 등급의 깃털 화폐는 반짝이는 붉은 빛의 깃털은 찾아보기 어려웠다. 이 끈은 거의 검은색에 가까웠고 보존 상태도 열악했다. 깃털 두루마리의 등급에 따라 화폐 가치의 차이는 엄청나게 컸다. 특정 등급의 두루마리가 다른 등급의 두루마리보다 두 배 이상으로 가치가 높은 경우도 있었다. 1등급의 깃털 화폐는 가장 낮은 등급인 10등급인 화폐보다 500배 이상 가치가 높았다.

깃털 화폐는 신붓값을 지불하는 데 가장 많이 사용되었다. 신부 한 명을 데려오려면 일반적으로 1등급 깃털 화폐 10개를 지불해야 했는데, 서쪽 섬 지역의 여성 한 명에 대한 신붓값이 이보다 훨씬 높을 때도 있었다. 소위 재주가 많다는 평가를 받는 여성들이었다. 이런 여성들은 낚시도 잘하고, 보트도 잘 타고, 과일나무도 잘 탔다.

요즘에는 깃털 화폐가 거의 사용되지 않는다. 특별한 행사가 있을 때 박물관에서만 관람할 수 있다. 전 세계가 그렇듯이 산타크루즈 제도에서도 이제 동전과 지폐로 거래가 이뤄진다. 넨도섬에 깃털 화폐를 제작할 수 있는 기술을 전수받은 사람이 없어서 이 수공업의 전통은 이미 끊긴 지 오래다.

몸을 닦는 해면

"다 닦아버려!"* 해면은 거의 모든 액체를 흡수하고 가로챈다. 해면은 대체 무엇일까? 해면이 잘 관리된 욕조의 단골손님으로 인기가 많은 이유는 무엇일까? 그 이유를 알려면 해면에 대해 널리 퍼져 있는 편견을 먼저 버려야 한다. 흔히들 해면을 해조류와 비슷한 식물로 알고 있지만 사실은 동물이다. 해면은 지구상에 존재한 지 5억 년이 넘는, 아주 오래전부터 정착 생활을 해온 원시 동물이다. 다른 다세포 동물과 달리 해면은 신경계를 위시한 어떤 기관도 가지고 있지 않다.

....

* Schwamm drüber. 직역하면 '그 위에 해면(Schwamm)'이라는 말로 '이 정도면 됐으니 끝내자'라는 뜻의 독일 숙어다. 해면은 과거 칠판 지우개로 사용되었다. ─옮긴이

부드러운 부분이 제거되고 골편**만 남은 것이 소위 '목욕해면'이다. 모든 해면이 목욕에 적합하지는 않다. 전 세계의 7,500종이 넘는 해면 중 15종만 목욕용으로 만들 수 있다.

목욕해면은 흡수력이 워낙 뛰어났기 때문에 옛날부터 사람들의 관심을 자극했다. 해면은 자신의 무게보다 35배 나 되는 액체를 흡수할 수 있고, 살짝 눌러주면 원래 상태 로 돌아온다. 이 사실을 확인하는 일은 짜릿하다. 그러니 가격도 훨씬 저렴하고 스펀지로 만든 인조 해면이 시장에 나온지 오래인 오늘날에도 진짜 해면이 인기가 많다는 사 실이 놀랍지는 않다.

수백 년 동안 해면은 엄청난 흡수력 덕분에 다기능 기 기 역할을 해왔다. 고대 그리스 시인 호메로스Homeros는 『일리아스Ilias』에서 신과 영웅들이 해면을 사용했다고 썼 다. 불과 대장간의 신 헤파이스토스는 일을 하고 나서 더 러워진 몸을 닦는 데 해면을 사용했다. 이어 호메로스는 '해면 채취자들의 섬'으로 유명한 시미섬이 트로이 원정

....

** 석회질, 규질 성분으로 구성된 작은 뼛조각으로 몸체를 지탱하는 조직 이다. -옮긴이

군으로 배 세 척을 보냈는데 병사들이 해면을 챙겼다고 한다. 고대에 해면은 군용으로 사용되었다. 당시 병사들은 흉갑과 다리 보호대에 해면을 채워 넣었다. 그러면 적군이 돌격할 때 신체에 가해지는 압력을 줄일 수 있었다.

물론 고대 시민들도 해면을 사용했다. 고대 그리스에서는 해면을 목욕뿐만 아니라 탁자와 벽을 닦을 때도 사용했다. 반면 고대 로마 화가들은 해면을 솔로 사용했다. 이집트에서는 해면을 의학 분야에 활용했다. 의사들은 요오드에 적신 해면을 상처 부위에 놓고 꾹 눌러 지혈을 했다. 심장 통증이 있을 때는 포도주에 푹 적신 해면을 왼쪽 가슴 위에 올려놓았다. 한편 독성이 있는 짐승에게 물렸을 때는 소변에 적신 해면을 환부에 올려놓았다. 아편이나 독당근 추출물은 해면에 적셔서 마취제나 진정제로 사용했다. 다양한 액체를 적신 해면은 전염병이 퍼졌을 때 방독면 역할을 했다.

심지어 고대의 도둑들도 해면을 사용했다고 한다. 그들은 최대한 조용히 다른 사람의 집에 숨어들기 위해 발밑에 해면을 붙였다. 믿기 힘든 얘기도 있다. 고대 로마에서는 처형할 때 해면을 사용했다. 악명 높은 로마의 칼리굴라 황제는 사형 선고를 내릴 때 사형수를 종종 해면으로 질식사시키라고 명했다고 한다.

중세 시대에 해면은 교회에서 사용되었다. 성체 부스러기는 예배용 해면으로만 닦게 되어 있었다. 이 독특한 관행은 예수님이 식초에 적신 해면을 건네받았다는 『마가복음』과 『요한복음』의 기록에서 유래한 듯하다. 또한 중세 시대에 해면은 화장실용 휴지로도 사용되었다.

'진짜' 해면의 인기는 수백 년 동안 이어졌다. 해면에 대한 수요가 꾸준히 증가한 것은 당연한 일이다. 예를 들어 1870년 한 해에만 지중해 지역에서 채취되어 영국으로 수출된 해면이 11만 3,000파운드 스털링에 달했다.

근대에 그리스는 해면 어획의 성지가 되었다. 특히 그리스의 칼림노스섬은 지금도 해면 채취 잠수부와 해면 산업으로 유명하다.

19세기 집필된 『마이어 회화 백과사전Meyers Konversations-Lexikon』은 그리스 잠수부의 해면 수확에 대해 이렇게 설명했다. "그리스의 바다와 시리아 해안에서는 5월부터 9월 말까지 잠수부들이 작은 배를 타고 다니며 해면을 채취한다. 이들은 18미터 깊이 내려가고 90초에서 최대 3분을 견딘다."

해저에서 갓 채취해온 해면은 몇 분 내에 죽는다. 죽은 해면을 담수에 넣으면 연한 몸체가 급속도로 부패하기 시작한다. 손으로 누르면 부패한 부위가 제거된다. 그다음에 해면을 건조하고, 손에 잡기 좋은 크기로 자른 뒤, 과산화수소로 표백한다. 대부분의 소비자는 표백되지 않은 상태의 갈색 해면보다는 표백된 연노랑색 해면을 좋아하기 때문이다. 환경 운동가들은 표백 과정에 눈살을 찌푸린다. 표백이 바다에서 직접 진행되어 독성 물질이 바다에 버려지기 때문이다.

상업적 해면 어획의 전성기였던 1950년대 말에는 그리스에서만 105척의 해면 어획선이 있었고, 1,186명이 어획에 종사했으며 그중 절반은 잠수부였다. 그리스 해면 채취자들의 어획량은 1년에 10만 킬로그램에 달했다. 이것을 세계 시장에 판매해 얻은 수익은 20억 달러였다.

현재 특히 발트해 지역의 해면 어획량은 무차별적인 남획과 심각한 환경오염 때문에 급감했고, 리비아와 튀니지 해안에서 해면 어획이 이루어지고 있다. 상업용으로 사용되는 몇몇 종은 유럽연합에서 멸종위기종으로 지정했다.

현재 해면 어획량의 약 70퍼센트는 목욕용품이 아니라, 자동차 관리와 광택 내기, 필터, 혹은 인쇄 및 디자인 분야에서 사용되고 있다.

바다의 어획 도우미들

현대식 어업에서는 일반적으로 대형 어망이나 대형 유망 장치를 사용한다. 일종의 물고기 위치 측정기인 음향측심기와 같은 최첨단 보조 장치를 사용해 물고기 떼를 수월하게 발견한다. 소위 선진국의 조업 방식이다. 반면 제3세계 국가에서는 어획 활동 과정이 더 여유롭고 훨씬 흥미롭다. 지금도 많은 지역에서 조업에 매일 동물 도우미들이 투입된다.

　민물가마우지*Phalacrocorax carbo*를 비롯한 물새들을 이용해 고기를 잡는 것은 아주 오랜 전통이다. 예를 들어 민물가마우지 어획 활동은 2,000년 전부터 중국과 일본, 마케도니아 등의 문화권에서 각자 발달해 왔다. 민물가마우지를 이용하는 어부들은 민물가마우지가 최대 90초 동안 30미터 깊이까지 잠수할 수 있고, 물속에서 물고기를 잡는 능력이 아주 뛰어나다는 사실을 알고 있었다. 잘 조련된 민물가마우지는 노획물들을 삼키지 못하고 주인에게 넘겨줄 수밖에 없도록 목에 고리나 끈을 달았다.

민물가마우지 훈련은 결코 쉽지 않은 일이다. 그래서 일반적으로 야생 포획물을 보상으로 주는 방법을 사용하지 않고, 인간이 직접 민물가마우지를 새끼 때부터 키우면서 새끼들이 모범으로 삼고 따르는 인물이 된다. 이른바 어부의 손을 타게 만드는 것이다. 새끼 민물가마우지가 목에 찬 고리에 익숙해지면, 어선 가장자리에 조용히 앉아 있다가 어부가 명령하면 물고기를 잡는 훈련을 한다. 마지막으로 이 새들은 노획물을 배에 뱉어 자신의 주인이자 스승에게 가져다주는 법을 익힌다. 어부들은 자신의 임무를 다한 새들에게 작은 물고기 조각이나 새우를 보상으로 준다.

현재 민물가마우지의 어획 활동은 아시아 일부 지역에서만 이뤄지고 있다. 중국과 일본에서 민물가마우지의 활동은 관광객들의 볼거리로 탈바꿈했다.

민물가마우지를 이용한 어획과 달리 인간과 돌고래의 협업은 완전히 자발적인 토대에서 이뤄지고 있다. 그것도 너무 멀리 떨어져 연관성이 전혀 없어 보이는 듯한 두 나라, 미얀마와 브라질에서 말이다.

특히 담수 돌고래인 미얀마의 이라와디돌고래*Orcaella brevirostris*는 수백 년 전부터 이리와디강에서 어부들과 협업을 해왔다. 먼저 어부들이 배의 선판을 똑똑 두들겨 이리와디돌고래를 유인한다. 돌고래들은 똑똑 소리를 듣자마자 5~6마리의 소그룹으로 무리를 지어 고기잡이에 나선다. 돌고래들은 작은 물고기 떼 주변을 빙빙 돌고, 어부들에게 어디에 어망을 던져야 하는지 지느러미로 신호를 보낸다. 물론 모든 돌고래들이 어획 도우미로 활동하는 것은 아니다. 인간과 돌고래의 협업은 만달레이와 키아욱미아웅 사이의 70킬로미터에 이르는 특정 구간에서만 이뤄진다.

돌고래들에게 어획 보조 활동에 대한 보상으로 부수 어획물 중 인간이 먹기에 적합하지 않은 것들을 주느냐고 물으면 어부들은 아니라고 답한다. 전혀 예상치도 못했던 일을 경험한 적이 있기 때문이었다. 어부들이 돌고래에게 물고기를 보상으로 던져주었더니 돌고래들이 좋아하기는커녕 깜짝 놀라 달아났다고 한다. 또한 어망을 던지면 돌고래들이 패닉 상태에 빠져서 자신이 잡기 쉬운 물고기나, 어망의 그물이 불룩해지는 물고기만 잡아오곤 했다는 어부들의 증언도 있다. 쉽게 말해 돌고래들을 절대 홀대하면 안 된다는 것이다.

한편 브라질에서도 돌고래들이 어획 도우미로 활발하게 활동하고 있다. 미얀마와 달리 브라질의 어획 도우미는 담수 돌고래가 아니라, 바다 돌고래인 큰돌고래*Tursiops truncatus*다. 이곳에서도 인간과 돌고래의 협업은 완전히 자발적인 토대에서 이뤄진다. 돌고래들은 꼬리지느러미로 해수면을 탁탁 치면서 어디에 물고기가 있고 어망을 던져야 하는지 어부들에게 신호를 보낸다. 열심히 일한 돌고래들은 부수 어획물을 보상으로 받는다. 이렇게 돌고래들은 쉽게 먹을거리를 얻는다.

반면 어떤 어부들은 물고기를 어획 도우미로 이용해 거북이를 잡는다. 동아프리카의 일부 해안이나 카리브해에서 몇몇 어부들은 희귀하지만 맛 좋은 바다거북을 잡기위해 독특한 어획법을 개발했다. 낚싯바늘 대신 소위 빨판상어를 많이 투입한다. 등지느러미를 빨판으로 변형시킨 빨판상어는 자신보다 더 큰 물고기, 거북이, 각종 바다포유류를 자신의 몸에 붙이는 방식으로 불법 탑승객을 잡아 온다. 살아 있는 흡착기를 이용한 어획 방식은 단순하면서도 정교하다. 어부들은 꼬리지느러미를 줄에 묶은 빨판상어를 바다에 내던진다. 빨판상어는 원격 조정을 당하는 것처럼 거북이에게 다가가고, 바로 거북이를 자신의 몸에 붙여버린다. 어부들은 줄을 당겨 바다거북을 배 위로 끌어 올린다.

사냥을 함께하는 페럿

족제비는 토끼와 쥐를 잘 잡는 동물로 수천 년 동안 알려졌다. 따라서 고대에 쥐를 잡거나 토끼를 사냥하기 위해 족제비를 기르기 시작했다는 사실이 놀랍지는 않다. 그렇게 가축화된 족제비, 즉 페럿*Mustela furo*이 수백 년에 걸쳐 탄생했다. 유럽족제비나 스텝긴털족제비가 페럿의 조상인지는 아직 정확하게 밝혀지지 않았다.

페럿 사냥의 원칙은 수백 년 전부터 변함이 없다. 사냥 훈련을 받은 페럿은 대개 암컷이고 재갈과 목 방울을 차고 있다. 사냥꾼은 훈련받은 페럿을 사냥감을 잡아 오도록 좁은 토끼굴로 보낸다. 페럿이 토끼를 겁줘서 굴에서 빠져나오게 하면 사냥꾼은 미리 준비해둔 그물을 쓰거나 총을 쏘아서 토끼를 잡는다. 일부 매 훈련사들은 말똥가리나 보라매 같은 맹금을 굴에서 도망치는 토끼를 잡도록 훈련할 때 페럿을 도우미로 투입한다.

정확히 언제부터 인간이 페럿을 사냥 도우미로 이용했는지는 알 수 없다. 학자들은 5,000년 전에 이미 고대 이집트에서 쥐를 잡는 데 페럿을 이용했다고 추측하지만 확실한 증거는 없다. 하지만 페럿이 기원전 500년경 그리스에서 가축화되었다는 사실을 입증할 증거는 많고, 아리스토텔레스는 '흰족제비'를 열심히 일하는 사냥 도우미라고 표현했다.

고대 로마인들은 페럿을 믿을 만한 사냥 도우미라고 평가했다. 예를 들어 로마의 학자이자 역사가 대大 플리니우스는 로마 최초의 황제인 아우구스투스가 집권할 당시 토끼들을 수난에서 구하기 위해 페럿을 발레아루스 제도로 보냈다고 기록했다.

13세기에 몽골의 통치자 칭기즈 칸은 페럿을 데리고 사냥을 다녔다고 한다.

중세에 페럿은 유럽의 일부 지역으로 퍼졌고 특히 귀족과 고위 성직자에게 많은 사랑을 받았다. 반면 평민들에게는 고귀한 페럿 사냥이 허용되지 않았다. 14세기 영국에서는 페럿을 소유할 수 있는 최저 수입 기준이 법으로 정해져 있었다. 중세 시대 독일에서는 페럿을 '푸론Furon'이라고 했고, 1583년 이탈리아 학자 피에르 데 크레센치Pier de' Crescenzi가 집필한 학습 교재인 『새로운 분야와 농경New Felde und Ackerbaw』에서, 토끼 사냥을 할 때 작은 맹수를 사용한다는 표현으로 처음 언급되었다.

르네상스 시대에 귀족 여성들은 페럿을 가정이나 궁정의 애완동물로 키웠다. 영국의 엘리자베스 1세는 페럿을 너무 아낀 나머지 자신의 초상화에 함께 그리게 할 정도였다. 빅토리아 여왕의 페럿 사랑도 대단해서 국빈들에게 선물로 화려한 페럿을 선물할 정도였다.

지금은 페럿을 이용해 토끼를 사냥하는 일이 극히 드물다. 하지만 페럿의 애정과 타고난 놀이 충동 때문에 독특한 반려동물로 사람들에게 큰 사랑을 받고 있다.

대부분의 학자들은 이제 유기된 페럿이 독일 등지에서는 스스로 생존할 가능성이 없다고 본다. 사냥 본능이 감소해 야생에서 살아가기에 충분하지 않기 때문이다. 하지만 북해의 노르더나이섬에서는 자유롭게 살아가는 페럿들이 물새의 알을 약탈한다는 소식이 많이 들려온다. 이 작은 맹수의 개체 수가 일정하게 유지될 수 있을지 의문이다.

사냥을 함께하는 매

아랍에미리트에서 신분의 상징은 초대형 빌라도, 고급 리무진도, 보석으로 장식한 회중시계도 아니다. 지상의 어떤 재산도 능가할 수 없는 이것은 바로 잘 훈련된 사냥매다. 아랍 국가에는 오랫동안 매사냥 전통이 있었다. 수백 년 동안 아랍 유목민들은 송골매 사냥을 해왔다. 검은목두루미와 가까운 친척이고 사막과 평원에서 사는 몸집이 매우 큰 새인 방울깃작은느시를 잡을 때 송골매를 도우미로 이용해왔다. 실력 있는 매사냥꾼들은 자신이 속해 있는 종족의 구성원들에게 많은 존경을 받았다. 매사냥 시즌이 끝난 후 사막의 아들들은 매를 다시 놓아주었다.

석유를 팔아 부자가 된 아랍에미리트의 재력가들이 잘 훈련된 사냥매를 금액에 상관없이 사려고 하는 것도 전통 때문이다. 사냥매 한 마리가 10만 유로에 거래되는 경우도 적지 않다. 통계에 의하면 아부다비에만 사냥매를 키우는 가정이 7,000을 넘는다. 아랍에미리트에서 2002년 이후 야생에서 잡은 매를 가정에서 키우는 것이 금지되었기 때문에 사냥매는 대개 독일이나 오스트리아에서 훈련을 받은 개체다. 하지만 자연 보호 단체에 따르면 수입으로는 수요를 충당할 수 없기 때문에 현재 아랍 국가에서 불법 밀렵이 성행하고 있다. 재력이 있는 아랍인들이 야생에서 조달한 좋은 사냥매를 얼마가 되었든 구입하려고 하기 때문이기도 하지만, 불법적인 수단으로 매를 판매하는 것이 야생 밀렵꾼, 밀수꾼, 비양심적인 장사꾼들에게 돈방석에 앉을 수 있는 사업이 되었기 때문이다.

아랍에미리트에서 사냥매는 남부럽지 않은 호사스러운 생활을 한다. 사냥매는 냉방 시설이 완벽하게 설비된 대형 새장에서 살고, 최고급 먹이를 먹으며, 최고 수준의 의료 혜택을 누린다. 아부다비에는 '팔콘 호스피털'이라는 세계 최대 규모의 매 전문 병원이 있다. 매 전문 병원은 최첨단 수술실, 중환자실, 최고급 설비의 연구실을 갖추고 있다. 공동 입원실과 독실이 골고루 갖춰져 있기 때문에 100마리 이상의 매가 입원 치료를 받을 수 있다. 모든 새에 대해 진료 차트를 작성하는 것은 물론이다. 이 병원에서는 매년 10만 마리의 매가 치료를 받는데, 대개 시력 문제, 날개 부상, 호흡 곤란, 발 질환 때문에 병원에 온다.

매 전문 병원은 대기실도 물론 화려하다. 매들은 인조 잔디가 깔린 횃대에 앉아서 진료를 기다린다. 대기하는 동안 매가 예민해지지 않도록 매에게 맞춤 모자를 씌워 눈을 가려 놓는다. 인조 잔디는 건강 신발을 신으면 발이 지압되는 것처럼 매의 발을 마사지해주는 효과가 있다. 그리고 특별 교육을 받은 돌보미가 일정한 주기로 스프레이를 이용해 매의 날개에 물을 뿌려준다. 이것도 매를 안정시키기 위한 조치다. 탈수 상태의 매는 금세 신경이 예민해지기 때문이다. 일반적으로 매는 물을 많이 마시지 않지만 발과 피부를 통해 수분을 흡수한다. 진찰 혹은 수술을 받은 후 매는 보상으로 메추라기를 먹을 수 있다. 이 메추라기도 보상용으로 프랑스에서 특별히 공수해 온 것이다.

매를 구입하려는 사람은 구매 전에 먼저 매를 전문 병원에 보내서 건강 검진을 받게 한다. 좋은 매는 엄청난 가치가 있기 때문이다. 건강 검진에는 시력 검사, 혈액 검사,

엑스레이 촬영뿐만 아니라, 마취를 하고 폐, 기관지, 위, 장 등을 내시경으로 샅샅이 검사하는 과정도 포함되어 있다. 매가 조금이라도 병에 걸릴 가능성이 있다고 확인되면 거래는 성사되지 않는다.

많은 역사학자가 아시아의 기마 민족이 가장 먼저 매를 훈련시켜 사냥에 이용하기 시작했다고 한다. 매를 이용한 사냥은 원래 광활한 중앙아시아의 스텝 지대에서 쉽고 간단하게 새를 잡을 수 있도록 개발되었다. 매사냥은 동방과 아라비아반도로 일찍이 전파되었다. 예를 들어 기원전 2205년 중국에서 매를 이용해 사냥을 했다는 기록이 있다. 또한 아시리아의 도시 코르사바드의 폐허 속에서도 매 훈련사가 묘사된 유물이 발견되었다. 이는 3,600년 전에 이미 메소포타미아 지방에서도 매를 사냥에 이용했다는 사실을 입증한다.

매사냥이 유럽에 전파된 것은 4세기경 게르만족의 민족 이동기 무렵이었다. 이들은 먹고살기 위해 매사냥을 했지만, 곧 매사냥은 귀족과 고위 성직자의 신분의 상징으로 바뀌었다. 장갑을 낀 주먹 위에 잘 조련된 매를 올려놓는 것보다 인상적으로 권력, 부, 신분을 드러낼 수 있는 상징물이 어디에 있었겠는가.

독일에서는 매를 이용한 사냥을 '바이츠야크트Beizjagd'라고 불렀는데, 고대 독일어에서 '물어뜯다'라는 뜻의 '바이센beißen'이라는 말에서 유래했다. 여기에는 매가 먹잇감을 죽일 때 목덜미를 물어뜯었다는 뜻이 담겨 있다. 호엔슈타우펜 왕가의 프리드리히 2세는 매사냥에 열광했던 왕으로 손꼽힌다. 그는 자신이 직접 사냥을 위해 매를 조련했을 뿐만 아니라, 그가 집필한 새와 매사냥에 관한 책은 당시 주목을 받았다. 900마리가 넘는 새의 그림이 수록된 『새를 사냥하는 기술에 대하여De arte venandi cum avibus』는 근대까지 매사냥에서 중요한 교재로 여겨졌다. 지방 귀족들은 새매와 보라매와 같은 소위 '더 낮게 나는 새'를 사냥에 이용했던 반면, 왕은 매나 독수리를 사냥터에 데리고 나갔다.

중앙아시아에도 매사냥이 널리 퍼져 있었다. 베네치아 출신의 유명한 상인 마르코 폴로Marco Polo는 대몽골 제국의 쿠빌라이 칸Khublai khan이 작은 사냥감을 사냥하기 위해 1만 마리의 매와 독수리를 데리고 사냥 여행을 떠났다고 기록했다.

한편 말을 타고 거대한 검독수리와 함께 사냥을 하는 모습은 지금까지도 중앙아시아 민족들의 장기로 여겨진다. 카자흐스탄과 키르기스스탄의 매 사냥꾼들은 심지어 늘대 사냥을 할 때도 아주 큰 새를 이용했다.

18세기에는 매사냥에 대한 귀족들의 관심이 곳곳에서 시들해졌다. 프랑스 혁명의 여파로 많은 국가에서 봉건주의의 잔재인 사냥을 하지 않는 분위기가 조성되기 전까지는 기마 몰이사냥이 유행했다. 독일에는 현재 약 2,000명의 매 훈련사가 있는데 이것은 비교적 적은 수다. 송골매는 대개 꿩, 자고, 오리를 물어뜯어 죽이는 반면, 보라매는 주로 토끼 사냥에 투입된다.

사냥매 훈련에는 몇 년이 걸린다. 훈련은 어린 새가 날 수 있을 때부터 시작된다. 어린 새가 인간에 대한 두려움을 극복하고 적응기에 들어가면 훈련사는 본격적인 훈련을 시킨다. 매에게 사냥 훈련을 시킬 때 가장 중요한 도구는 깃털 장난감이다. 말굽처럼 생긴, 가죽이나 천 소재의 작은 쿠션의 양쪽에 새의 날개가 달려 있는 깃털 장난감의 끈에는 소위 모이가 붙어 있다. 깃털 장난감은 약 2미터 길이의 줄에 부착되어 있고, 매 훈련사는 올가미와 비슷한 것을 머리 주변에서 뱅글뱅글 돌린다. 먹잇감인 새로 매를 유인하고, 매는 이렇게 훈련사에게 돌아오는 법을 습득한다. 훈련사에게 돌아오는 데 성공하면 모이를 보상으로 받는다. 이 훈련을 통해 매는 비행에 필요한 근육을 발달시킬 뿐만 아니라, 진짜 먹이를 잡는 데 필요한 안전한 비행법을 배운다.

매를 이용한 사냥의 성공률은 상대적으로 낮은 편이다. 사냥 시도 중 5~10퍼센트만 성공하고 나머지는 실패한다.

제국을 수호하는 까마귀

영국 사람들은 참 특이하다. 물론 모두가 그렇다는 것은 아니다. 입헌군주국인 영국은 제국의 번영이 여섯 마리의 까마귀에게 달려 있다고 믿는다. 영국 사람들은 학교에서 이 오래된 전설을 배운다. 까마귀가 악명 높은 런던 타워를 떠나면 대영 제국이 멸망한다는 것이다.

이 전설의 유래에 대해 학문적 논쟁도 많다. 그중 역사책에서 '즐거운 군주'로 묘사되곤 하는 국왕 찰스 2세Charles II가 관련되었다는 속설이 가장 유명하다. 그는 런던 타워에 설치되어 있던 망원경을 무척 아꼈는데 까마귀들이 망원경 위에 똥을 싸는 것이 못마땅했다. 그래서 잔뜩 짜증이 나서 까마귀들을 쏘아 죽이라고 명령했는데, 어느 고위 궁정 관리가 런던 타워에 까마귀가 없으면 대영 제국이 멸망할 것이라고 간언한다. 미신을 믿었던 찰스 2세는 이런 위험을 감수하고 싶지 않았다. 결국 까마귀들은 털끝 하나 다치지 않고 살아남았고, 왕의 망원경은 그린위치로 옮겨졌다.

수많은 전설에서 수백 년 전부터 런던 타워와 그 주변에 까마귀가 있었다고 한다. 국가 반역자들이 정기적으로 처형되었던 이곳의 시체 냄새에 까마귀들이 몰려들었고, 소위 청소동물*인 큰까마귀가 시체의 고기를 먹었다. 속설에 의하면 1535년 헨리 8세Henry VIII의 아내였던 비운의 왕비 앤 불린Anne Boleyn이 처형당했을 때 "런던 타워의 까마귀도 너무 슬픈 나머지 울음을 멈췄다"라고 한다. 반면 짧은 기간 제위에 올랐던 여왕 레이디 제인 그레이Lady Jane Grey가 1554년 처형당했을 때는 까마귀들이 그녀를 연민하지 않아, 참수형을 당한 '9일의 여왕'의 눈을 쪼아 먹었다고 한다.

하지만 이 이야기들은 사실과 다르다. 런던 타워의 까마귀를 언급하는 최초의 사료는 1895년 것이다. 당시 신문에 런던 타워에 있는 까마귀 두 마리가 고양이를 괴롭혔다는 기사가 실렸다.

....

* 생물의 사체 따위를 먹이로 하는 동물을 통틀어 이르는 말. – 옮긴이

대영 제국의 수호자인 까마귀들은 북유럽 스타일인 그월럼, 토르, 브랜웬, 후긴, 무닌, 발드릭 같은 이름을 갖고 있다. 왕이 임명한 레이븐 마스터는 전통적으로 영국군의 부사관이 맡았고 런던 타워의 까마귀들을 경호했다. 까마귀들이 멀리 날아가지 못하게 해 군주국의 안위를 지키는 것이 레이븐 마스터의 주요 임무였다.

공식적으로 런던 타워의 까마귀는 가장 낮은 계급인 병사 대우를 받았고 무례한 행동을 하면 자신의 직책에서 물러나야 했다. 까마귀 조지는 텔레비전 안테나를 부수는 무례한 행동을 반복해 전역해야 했다. 눈에 띄는 행동을 하는 까마귀도 런던 타워를 떠나 워털루 동물원으로 쫓겨났다. 1966년에는 두 마리의 까마귀가 런던 타워를 떠나야 했다. 이들의 행동이 사람들의 기대에 부응하지 못했다는 이유 때문이었다. 이들의 이름은 추방자 명단에 올라 있다.

런던 타워에는 소위 '후보 까마귀'들도 있다. 여섯 마리의 '공식' 까마귀가 노환으로 죽거나, 몇 년 전 여우가 까마귀 '주빌리'와 '그립'을 잡아먹었던 것과 같은 사고를 당하면 '후보 까마귀'는 '공식' 까마귀가 된다.

놀랍게도 런던 타워 까마귀는 영리할 뿐만 아니라 유

머 감각도 갖추고 있다. 그중 몇 마리는 관광객들 앞에서 죽은 척한다. 이 까마귀들은 벌러덩 누워서 하늘을 향해 다리를 쭉 뻗어 시체를 흉내 낸다. 깜짝 놀란 관광객들이 급하게 관리인을 불러오면, 까마귀 사체들은 벌떡 일어나 깜짝 쇼의 성공에 기뻐한다.

제2차 세계 대전 당시 독일 공군이 런던을 폭격했을 때 대영 제국은 존폐 위기에 있었다. 쏟아지는 폭격에 여섯 마리 까마귀 중 다섯 마리가 런던 타워를 떠났다. 윈스턴 처칠Winston Churchill 수상의 명령으로 상황을 유지하고 제국을 구하기 위해 새 까마귀들을 런던 타워에 가져다 놓았다. 2006년 조류 독감으로 영국 제국이 또 다시 위기를 맞이했을 때 토르와 다른 까마귀들은 임시로 감금되었다.

하지만 런던 타워의 까마귀가 대영 제국의 번영을 책임지는 유일한 동물이 아니다. 속설에 의하면 그 유명한 '지브롤터의 바위'에 바버리원숭이Macaca sylvanus가 사라진 순간, 전략적으로 중요한 위치에 있는 식민지였던 지브롤터를 뺏겼다고 한다. 그때도 처칠이 지브롤터를 구하기 위해 개입했다. 1942년 제2차 세계 대전이 한창일 때 지브롤터의 원숭이는 겨우 일곱 마리였는데, 영국의 처칠 수상이 모로코에서 원숭이를 바로 수입해왔다. 1999년까지 원숭이는 런던의 국방부에 있었다. 한때 파견되었던 소위 '원숭이 장교'는 동물의 번영을 돌보았다고 한다. 현재 이 원숭이들은 지브롤터 조류 및 자연사 학회의 민간인들이 관리하고 있다.

라이카, 햄, 한 무리의 곰벌레

냉전이 극에 달했던 1957년 10월 4일, 소련이 세계 최초의 인공위성인 스푸트니크 1호를 지구 선회 궤도에 진입시키는 데 성공하면서 서구권 국가들은 '스푸트니크 쇼크'에 빠졌다. 기술적으로 훨씬 낙후되었다고 여기던 소련의 우주 항공 기술이 그 정도로 발달했고, 우주를 둘러싼 패권 경쟁에서 소련이 미국을 앞질렀다는 사실을 눈치챈 사람이 당시 서구권 국가에서는 아무도 없었다.

소련은 여기에 그치지 않고 다음 계획을 실행에 옮겼다. 한 달 후 소련은 10월 혁명 40주기를 기념해 생명체를 태운 최초의 인공위성인 스푸트니크 2호를 지구 궤도로 쏘아 올렸다. 인공위성의 첫 탑승객은 다름 아닌 개, 라이카였다.

소련은 생명체를 인공위성에 태우기 전에 몇 년 동안

중대한 고민을 했다. 어떤 동물이 우주비행사로 가장 적합할까? 소련의 항공우주학자들은 예상치 못했던 놀라운 결정을 내렸다. 인간과 체격이나 유전자 구성이 가장 비슷한 원숭이가 아니라 개를 선택한 것이다. 소련 정부에 의하면 개는 원숭이보다 쉽게 훈련할 수 있고 병에 덜 걸린다는 것이었다.

하지만 우주 비행에 적합한 개를 찾는 일은 만만치 않았다. 무겁거나 자리를 많이 차지하면 안 된다는 기준 때문에 몸무게가 6킬로그램을 넘으면 안 되었고 키도 35센티미터를 넘으면 안 되었다. 전문가들은 개가 우주 비행을 하기에 신체적인 부담이 크다는 사실을 알고 있었다. 그래서 곱게 자란 애완견이 아니라 체력이 강한 떠돌이 개가 우주비행사로 선정되었다. 우주비행사로 암캐만을 고려한 것은 해부학적 구조와 위생에 관한 문제와 관련이 있었다. 쉽게 말해 암캐가 수캐보다 배설물 용기에 대변과 소변을 잘 모을 수 있었기 때문이다.

원래 스푸트니크 2호 미션 수행을 위해 훈련을 받아 선발된 개는 세 마리였다. 알비나, 무쉬카, 라이카다. 이 동물 우주비행사들은 1년 동안 아주 혹독한 훈련을 받았다. 이른바 특수한 비행 상황에 대비하는 훈련이었다. 훈런 기간 동안 이 개들은 우주 캡슐의 비좁은 공간에 적응하기 위해 크기가 점점 작아지는 철창에서 지내야 했을 뿐만 아니라, 꽉 끼는 맞춤형 우주복 착용에도 익숙해져야 했다. 개 전용 우주복에는 앞에서 잠시 언급했던 배설물을 담는 용기 외에도 미세한 센서가 부착되어 있어서, 심장 박동, 혈압, 호흡을 계속 체크할 수 있었다. 마지막으로 원심분리기의 가속 테스트와 신체 강화 테스트를 통과해야 했다.

소련의 항공우주학자들은 라이카를 소련의 명예를 위한 우주 정복 미션을 수행할 동물 우주비행사로 최종 선정했다. 훈련사들은 강인함과 신속한 이해력을 요하는 과제 등 모든 테스트에서 라이카가 가장 우수하다고 평가했다. 허스키와 테리어가 섞인 라이카는 모스크바의 거리를 떠돌던 개였다. 라이카*의 본명은 쿠드르야브카**였는데, 라이카는 훈련사가 나중에 붙여준 이름이었다.

1957년 11월 3일, 10월 혁명 기념 축제가 열리기 4일 전에 라이카에게 위대한 순간이 찾아왔다. 소련의 바이

....

* Laika. 멍멍이라는 뜻.

** Kudrjawka. 곱슬이라는 뜻.

코누르 우주정거장에서 생명체를 태운 최초의 인공위성이 발사되어 지구 공전 궤도에 진입하는 데 성공했다. 처음부터 소련은 라이카가 무사히 지구로 돌아올 수 있으리라 기대하지 않았다. 소련 우주항공국에서 일정을 촉박하게 잡았기 때문이었다. 스푸트니크 2호를 책임지고 있던 우주 항공 기사들은 시간 압박에 시달리고 있었다. 당시 소련 공산당 서기장이자 국가 원수였던 니키타 흐루쇼프Nikita Khrushchyov가 스푸트니크 2호는 10월 혁명 40주기가 되는 날에 맞춰 우주로 발사되어야 한다고 거듭 강조했기 때문이었다. 우주 항공 기사들이 촉박한 시간 내에 우주 캡슐에 열 차폐 장치를 설치할 방법은 없었고, 인공위성이 손상되지 않고 대기권에 진입하려면 열 차폐 장치가 반드시 필요했다. 그래서 계획이 수정되었던 것이다.

라이카는 지구로 귀환하지 못하고, 10일 동안 신체 기능을 유지할 수 있는 데이터를 제공하는 것으로 탐사를 끝내야 했다. 사료에 있던 독성 성분 때문에 라이카는 일찍 죽을 수밖에 없는 운명이었다. 서구권 국가는 라이카의 죽음이 예정되어 있었다는 소식을 듣고 분노했다. 전세계 동물 보호 단체, 특히 영국에서 이 소식을 듣고 국민들에게 대대적인 시위를 촉구했다. 윤리적인 압박에 시달린 소련은 며칠 동안 라이카가 건강한 상태라는 소식을 전하다가, 일주일 후 라이카가 며칠 동안의 비행 끝에 산소 부족으로 평화로운 죽음을 맞이했다고 해명했다.

라이카의 죽음에 관한 진실은 45년 후에 밝혀졌다. 스푸트니크 2호 미션에 참여했던 생물학자 드미트리 말라센코프Dmitri Malashenkov는 휴스턴 항공우주회의에서 인공위성에 탑승했던 개는 인공위성이 발사된 지 몇 시간 만에 우주 캡슐의 절연체 오작동으로 인한 과열과 스트레스로 사망했다고 발표했다. 소련 언론이 사회주의의 승리를 선포하려는 순간, 탑승객이었던 라이카는 지구 궤도에서 이미 죽어 있었다. 1958년 4월 14일 스푸트니크 2호는 지구의 대기권에 재진입하면서 불타기 전까지 죽은 라이카를 태우고 지구 궤도를 총 2,570회 선회했다.

우주 비행과 기구한 운명 때문에 라이카는 하루아침에 세계에서 가장 유명한 개가 되었다. 여러 국가에서 라이카를 추모하기 위해 우표를 발행했다. '우주의 개척자이자 영웅'이라는 마케팅 콘셉트는 시장에서 잘 먹혔다. 얼마 후 라이카의 초상화가 실린 초콜릿이 출시되었고, 러시아의 담배 회사는 사회주의 국가 시장을 겨냥해 '라이카'라는 새 브랜드를 만들었다.

사람들은 종종 라이카가 최초로 우주에 간 생명체라고 주장하지만 사실과 다르다. 최초의 동물 우주비행사라는 영광은 라이카에게 돌아갈 수 없다. 그전부터 미국은 물론이고 소련도 생명체를 우주로 많이 보냈고, 지구와 우주의 경계선에서 많은 경험을 쌓아왔다.

러시아와 달리 미국은 신체적 유사성을 고려해 개가 아니라 원숭이를 우주 비행 미션을 수행할 동물로 선정했다. 미국은 개보다 원숭이가 훈련하기 쉽고 비행 중 단순한 과제를 해결할 수 있는 능력이 뛰어나다고 확신했다.

그런데 최초로 우주에 간 동물은 원숭이가 아닌 노랑초파리였다. 노랑초파리는 1947년 독일에서 제작한 V2-로켓에 3분 동안 탑승해 우주와의 경계인 상공 109킬로미터까지 도달했다. 노랑초파리는 생명체가 우주선宇宙船의 영향을 견딜 수 있는지 확인하기 위해 로켓과 함께 발사되었다. 다행히 노랑초파리는 무사히 지구로 귀환했다.

최초로 우주에 도착한 포유동물은 알베르트 2세라는 히말라야원숭이였다. 1949년 미국은 독일에서 제작한 V2-로켓에 이 원숭이를 탑승시켰다. 알베르트는 130킬로미터까지 도달했지만, 착륙할 때 낙하산이 열리지 않는 사고가 발생했다.

11년 후 알베르트 2세의 뒤를 이어 고르도라는 다람쥐원숭이가 인공위성에 탑승했다. 고르도는 1958년 12월 13일 하위 궤도 비행을 하는 인공위성에 탑승했지만, 자신의 임무를 수행하기에 좋은 상황은 아니었다. 임무를 수행하면서 8분 동안 무중력 상태에 방치되었던 고르도는 착륙과 이륙을 잘 견뎌냈다. 하지만 바다에 착륙할 때 로켓 캡슐의 낙하산 기능이 오작동해 고르도는 결국 익사했다. 캡슐과 그의 사체는 안전하게 보호받지 못했다.

다람쥐원숭이 아벨과 히말라야원숭이 베이커는 1959년 5월 28일 목성 로켓의 하위 궤도 비행을 마치고 사고 없이 건강하게 돌아왔다. 샘은 1959년 12월 4일 출발했고, 미스 샘은 1960년 1월 21일 우주로 출발했다. 둘 다 구조 시스템과 다양한 의료 검사 테스트가 목적이었던 이 비행을 마치고 무사히 돌아왔다.

우주 캡슐의 충격 강도 테스트에는 '젠틀 베스'라는 돼지가 투입되었다. 하지만 돼지가 앉아 있는 상태로는 오래 살 수 없다는 사실이 밝혀져 미항공우주국은 돼지를 이용한 향후 테스트 일정을 전부 중단시켰다.

우주 비행 역사의 정점을 찍었던 1961년 1월 31일, 침팬지 햄이 탑승한 수성 탐사선이 우주로 발사되었다. 햄은 1957년 카메룬의 정글에서 태어났다. 그의 가족은 그가 태어난 지 얼마 안 되어 밀렵꾼에게 희생당했다. 어린 햄은 중앙아프리카의 고기 시장에 팔렸다가, 플로리다의 사설 동물원으로 가게 되었고, 미항공우주국에서 햄을 사들였다. 새로운 고향인 홀로먼 공군 기지에서 처음에 햄은 '65번'이라고 불렸다. 우주비행사 훈련에 들어가기 전에 먼저 그의 몸에 붙어 있던 이와 벼룩이 제거되었다. 그리고 햄은 다른 침팬지 다섯 마리가 있는 특수 훈련 캠프에 들어가, 간단한 과제를 해결하는 훈련을 받았다. 당시 원숭이들은 '당근과 채찍' 원칙에 따른 훈련을 받았다. 벌은 약한 전기 쇼크였고 보상은 바나나였다. 햄은 경쟁자들을 제치고 MR2 미션의 동물 우주비행사로 발탁되었다.

햄이 탑승한 우주선은 253킬로미터 높이까지 비행했고, 햄은 6분 동안 무중력 상태를 견뎠으며, 대서양의 케이프커내버럴 우주 기지에서 700킬로미터의 떨어진 곳까지 총 17분 동안 비행했다. 햄의 비행을 계기로 미국은 자존심을 회복했고 유인 우주선을 쏘아 올리기에 이르렀다. 8년 후 달 착륙에 성공하면서 미국의 우주 개발 계획은 정점을 찍었다. 그리고 긴 팔의 우주비행사 햄은 은퇴했다. 물론 그는 가끔 텔레비전 방송에 출연해 얼굴을 비췄다.

은퇴 후 그는 워싱턴 동물원에 있다가 노스캐롤라이나 동물원으로 옮겼다. 1983년 이곳에서 햄은 26세의 나이에 노환으로 세상을 떠났다.

지금은 동물 우주비행사를 인공위성에 태워 우주로 보내지 않는다. 수많은 우주 비행 미션을 위해 우주선에 동물들이 탑승했고, 우주에서 무중력 상태 연구를 위한 실험이 진행되었다. 새, 도마뱀붙이, 달팽이, 어류, 노랑초파리, 생존 능력이 강한 곰벌레에 이르기까지 우주선에 탑승했던 동물의 스펙트럼은 다양하다.

곰벌레는 고작 1밀리미터밖에 되지 않는 무척추동물로 다리가 여덟 개 달린 곰 젤리와 비슷하게 생겼다. 이 작은 벌레는 심지어 우주 공간에서도 살아남았다.

독일·스웨덴 공동 연구팀은 2007년 유럽 우주국의 FOTON-M3 미션의 일환으로, 미니 동물 우주비행사인 곰벌레를 우주선에 탑승시켰고 10일 동안 약 270킬로미터의 높이에 두었다. 이 높이는 아무 보호도 받지 못하고 생명체에 적대적인 우주 환경이다. 놀랍게도 대부분의 곰벌레들은 극한의 추위와 진공 상태, 우주선을 큰 문제 없이 견뎌냈다. 심지어 몇몇 곰벌레는 우주 공간에서 지구 표면보다 1,000배나 더 강한 태양의 자외선도 이겨냈다.

살아남은 곰벌레들은 지구에 돌아온 후 번식에도 성공했다. 학자들은 이 작은 생물이 자신을 잘 지킬 뿐만 아니라 유전자도 잘 보존한다고 주장한다. 곰벌레가 극한의 환경에서 살아남을 수 있었던 것은 살아 있는 것과 죽어 있는 것의 중간인 독특한 상태, 이른바 '휴면 생활'을 할 수 있는 능력 덕분이이다. 이 상태에서 곰벌레의 신진대사는 최소한으로 제한된다.

고대의 탱크 전투 코끼리

고대에는 현대 전투용 탱크의 살아 있는 조상이 있었다. 바로 전투 코끼리다. 이 거대한 동물은 실제 전투에 이동 요새이자 무기로 투입되었다. 전투 코끼리는 어금니에 뾰족한 금속을 달았고, 코에는 검이 부착되었으며, 화살에 맞지 않도록 무거운 방패로 무장했다. 하지만 코끼리는 금속 무장을 그다지 좋아하지 않았다. 넓은 등에는 나무로 된 판자가 설치되어 그 위에 올라탄 병사는 궁수나 창병의 공격을 피해 안전하게 싸울 수 있었다. 전투 코끼리가 쳐다보기만 해도 적군은 공포에 사로잡혔다.

전투 코끼리는 대개 성벽을 부수는 무기로 적진에 투입되었다. 소위 '코끼리 갈고리'는 약 70센티미터의 금속 봉으로, 끝부분에 뾰족한 침과 함께 거꾸로 된 갈고리가 달려 있었다. 전투 코끼리의 기수는 코끼리가 패닉 상태에 빠져서 통제력을 잃고 자기편 군사를 공격할 때를 대비해 끌과 망치도 가지고 있었다. 끌을 망치로 두들겨서 척추에 박으면 코끼리의 척추가 분리되어 제멋대로 날뛰던 코끼리의 탈선을 막을 수 있었다.

알렉산더 대왕과의 전쟁에서 페르시아 사람들이, 로마와의 포에니 전쟁에서 카르타고 사람들이 전투 코끼리를 전투에 투입했다. 카르타고의 한니발 장군이 37마리의 전투 코끼리를 이끌고 알프스를 넘은 것은 유명한 사건이다. 37마리 중에는 한니발이 애지중지했던 코끼리 수루스*가 있었다. 하지만 인도, 크메르, 타이에서도 전쟁에 전투 코끼리를 이용했다.

전해지는 이야기에 의하면 전투 코끼리 훈련은 상당히 복잡하고 오래 걸렸다. 코끼리의 성격이 천성적으로 온화한 탓이다. 게다가 전투에는 수컷만 투입되었기 때문에 암컷은 전투에 나서 적군을 공격할 수 없도록 마약과 알코올을 먹여서 몸을 움직이지 못하게 만들었다.

하지만 전투 코끼리를 절대 이길 수 없는 것은 아니었다. 2,200년 전에 그리스의 도시 메가라 시민들은 마케도

....
* Surus. 라틴어로 Syrer.

니아와의 전쟁에서 특히 효과적이지만 매우 야만적인 방법으로 전투 코끼리를 물리쳤다. 이들은 돼지 몸에 기름을 바르고 불을 붙인 뒤, 고통으로 울부짖는 불쌍한 돼지를 적의 코끼리에게 달려들게 했다. 코끼리들은 완전히 패닉에 빠져 아군을 마구 짓밟았다.

고대 이후 유럽에서는 코끼리가 전쟁에서 자취를 감추었다. 마지막으로 전투 코끼리를 투입한 것은 기원전 46년 로마의 내전인 탑수스 전투**였다. 이 전투에서 원로원파 장군 메텔루스 스키피오Metellus Scipio는 율리우스 카이사르의 사수들이 빗발처럼 쏘아대는 화살에 공황 상태에 빠져 적군이 아닌 아군을 공격했다. 이 전쟁에서 스키피오가 참패한 결정적인 계기였다.

반면 아시아에서 전투 코끼리가 사라진 것은 화약이 발명된 이후의 일이다. 대포는 말할 것도 없고 머스킷 총알 하나로 코끼리를 쓰러뜨릴 수 있었기 때문에 이후 전쟁에 코끼리를 투입하는 장군은 거의 없었다. 코끼리에게는 다행스러운 일이었다.

....

** 기원전 46년에 북아프리카의 탑수스에서 카이사르파와 원로원파가 벌인 전투. ─옮긴이

동물 첩보 요원들의 실패, 불운, 실수담

지금으로부터 약 100년 전 동물을 첩보 요원으로 투입하려는 시도가 있었다. 그런 일을 처음 벌인 이들은 독일군이었다. 카메라를 장착한 전서구가 일종의 원격 정찰병으로 적진 탐색을 맡았다. 하지만 전서구의 정찰 결과는 기대에 못 미쳤다. 전서구를 통해 찍힌 항공사진 대부분은 흐릿했고 광각렌즈 때문에 물체는 찌그러져 보였다. 게다가 비둘기 첩보 요원들은 정찰 임무 수행에는 도통 관심이 없어서 적진의 참호에 날아들어 사진을 찍어오기는커녕, 몇 시간이고 가만히 교회 종탑에 앉아 있는 경우가 허다했다. 결국 독일군은 비둘기 정찰병 프로젝트를 중단했다. 이후 항공 정찰 업무는 비행기로 하게 되었고 결과도 훨씬 좋았다.

그다음에 있었던 동물 첩보 요원의 실패담은 1960년

대 '어쿠스틱 키티Acoustic Kitty'다. 어쿠스틱 키티는 CIA에서 비밀리에 진행한 정찰 프로젝트였다. 이름에서 이미 알 수 있듯이 CIA의 목표는 정찰 업무에 최적화된 집고양이를 만드는 것이었다. 쉽게 말해 러시아, 가능하다면 크렘린에서 들어온 정보들을 정찰할 수 있도록 집고양이를 기술적으로 조작하려 했다. 이 야심 찬 목표를 달성하기 위해 불쌍한 고양이는 귓속에 마이크를, 두개골에 무선 송신기를, 꼬리에 안테나로 사용할 전선을 심는 수술을 한 시간에 걸쳐 받았다. 이런 외과 수술을 받은 고양이는 엿들은 대화 내용을 가까운 위치에 있는 수신자의 녹음기에 무선으로 전달할 수 있었다.

이 프로젝트에 든 비용도 적지 않다. CIA는 어쿠스틱 키티 프로젝트에 무려 2,300만 달러를 투자했다. 이것은 1960년대에 엄청난 액수였다. 문제는 고양이에게 투자한 금액만 2,300만 달러였다는 것이다.

도청 장치를 달고 있던 최초의 고양이는 테스트 중에 목숨을 잃었다. 이 고양이는 공원에서 소련 첩보원의 대화를 엿듣는 연습을 하다가 택시에 치였다. 이후 첩보 고양이의 운명에 대한 두 가지 소문이 돌았다. 그중 더 신빙성이 있는 버전은 고양이가 사고 직후 사망했다는 것이다. 좀 더 훈훈한 스토리가 담긴 또 다른 버전에서는 고양이가 사고로 중상을 입어서, 고양이 몸에 심어놓았던 첩보 도구를 다시 제거하고 평범한 고양이의 삶으로 돌아갔다고 한다. 어쿠스틱 키티 프로젝트는 이 사고 이후 완전히 묻혔다. 사실 고양이는 사람의 명령에 따라 특정한 장소에 가고 그곳에 머무르도록 훈련할 수 있는 동물이 아니다. CIA는 고양이를 키우는 사람들이 미리 이 사실을 알려줬어야 한다고 말한다.

하지만 모든 동물 첩보 요원들은 임무 수행에 실패한 것은 아니다. 물속에서 활동하는 동물 첩보 요원들은 성공적으로 임무를 수행해왔다. 1960년대 이후 미국 샌디에이고와 러시아 세바스트로폴의 비밀 첩보 훈련 센터에서는 각각 물개와 바다사자를 해양 첩보 요원으로 양성하는 훈련을 한다. 해양 포유동물인 물개와 바다사자는 첩보 임무를 수행하기에 적합하다. 둘 다 잠수 실력이 뛰어나고 머리가 좋을 뿐만 아니라 탁월한 방향 감각을 갖췄기 때문이다.

고해상도 카메라가 장착된 물개와 바다사자는 적군의 부두에서 정보를 입수하고 탁월한 감각으로 적의 프로그맨*과 지뢰가 있는 곳을 감지한다.

돌고래 첩보 요원에 대한 일화가 있다. 2015년 8월 유럽의 모든 언론에서 팔레스타인 일간지 《꾸드스Al-Quds》의 기사를 보도했다. 팔레스타인 하마스**의 프로그맨이 카메라와 '화살을 쏠 수 있는 장치'가 장착된 돌고래를 감금했다는 것이다. 하마스 대변인은 특수 장비가 장착된 돌고래가 이스라엘의 비밀정보기관 모사드의 명령을 받아 팔레스타인 해군 명령을 몰래 빼 오는 훈련을 받았을 의혹을 제기했다.

중동 국가들은 이스라엘의 비밀정보기관이 동물 첩보 요원을 이용해왔다는 의혹을 꾸준히 제기해왔다. 지난 수십 년 동안 사우디아라비아뿐만 아니라 수단, 이집트, 튀르키예에서 GPS가 장착된 새들이 체포되었다는 보도가 끊이지 않았고, 그 배후로 이스라엘을 지목해왔다. 이 정도로는 부족한지 2007년 이란의 국영 통신사 이르나는 '서방 국가의 최첨단 첩보 장치가 장착된' 청설모 14마

....

* frogman. 고무로 만든 수중복을 입고 산소 보급기를 등에 진 채 물속에 들어가서 구조, 파괴, 공작 따위를 하는 해군의 잠수 공작병. –옮긴이
** Hamas. 1987년 이스라엘에 저항하는 팔레스타인 무장단체로 창설되어 저항 활동을 전개해오다가 2006년 팔레스타인 자치 정부의 집권당이 되었다. –옮긴이

리가 이란에서 체포되었다고 보도했다. 이 보도에 의하면 청설모는 이스라엘의 명령을 수행하는 중이었다고 한다. 뭔가 석연치 않은 냄새가 풍기는 이러한 보도의 저변에는 피해망상이 깔려 있다. 이러한 보도와 관련된 사실을 정확하게 조사했더니, GPS를 장착한 첩보 요원이라는 새들이 조류의 철새 이동 연구에 투입된 새였다고 밝혀진 경우도 있다. 이런 새들은 군사용이 아닌 민간 연구용으로 투입된 것이었다. 게다가 청설모를 첩보요원으로 투입한다는 건 이스라엘이 자국의 기술력이 떨어진다고 '공식 파산 선언'을 하는 것이나 다름없는 행위다.

미래에는 어떻게 될까? 미래에도 동물 첩보 요원이 존재할까? 아니면 최첨단 기술이 동물 첩보 요원을 대체하게 될까?

전문가들은 미래에 동물 요원을 이용한 첩보는 동물과 현대 기술이 조합된 형태, 소위 '사이보그' 형태로 이뤄질 것이라고 한다. 2006년 미국 국방부 산하 방위고등연구계획국에서 곤충을 제어 가능한 사이보그로 조작해 첩보용으로 투입하는 병력 연구 프로젝트를 진행했다. 미군은 첩보에 활용할 수 있는 미니 드론을 이미 개발했지만, 현재 기술 상태로 미니 드론은 진짜 곤충보다 훨씬 눈에 잘 띈다. 연구자들은 곤충의 뇌에 전기 스위치를 장착해, 사용자가 연결 상태를 수정하면서 쉽게 뇌를 제어할 수 있는 기술을 개발하는 중장기 프로젝트를 진행하고 있다. 곤충을 '살아 있는 로봇', 일종의 '제어 가능한 좀비'로 만들겠다는 것이다. 2009년 무선 방향 제어가 가능한 최초의 딱정벌레가 소개되었다. 문제는 첩보 활동에 반드시 필요한 카메라의 무게다. 사실 카메라보다는 전력을 공급하는 배터리가 진짜 문제라고 한다. 아마 이 문제의 답을 찾을 수 있을 듯하다. 얼마 전 일본의 연구팀은 바퀴벌레의 등에 바이오 연료 전지를 조립했다. 이 연료 전지를 부착하려면 키틴질에 조심스레 구멍을 내고 곤충의 체액이 있는 부위와 연결해 체액을 빼내야 한다. 이렇게 하면 림프액이 들어 있는 당이 연료 전지에서 에너지로 변환되어 전기가 생산된다.

지뢰를 찾아 인도주의 미션을 수행하는 쥐

지뢰는 인류를 인질로 삼는 도구다. 유엔의 통계에 의하면 전 세계의 70여 개국에 1억 1,000만 개의 지뢰가 매설되어 있고, 매년 2만 5,000명이 넘는 사람들이 지뢰로 목숨을 잃거나 부상당해 불구가 된다. 모잠비크 내전이 끝난 지 16년이 지난 지금까지 약 1만 명의 사람들이 지뢰나 불발탄에 희생당했다. 하지만 지뢰를 수색하고 제거하는 작업은 엄청난 비용과 시간이 드는 것은 물론이고 위험한 일이기도 하다. 남아프리카에서는 더 적은 비용으로 지뢰를 제거할 대안으로 몇 년 전부터 감비아도깨비쥐를 이용하기 시작했다. 감비아도깨비쥐는 꼬리를 포함해 길이가 최대 90센티미터이고, 몸무게는 최대 4킬로미터까지 나가는 세계에서 가장 큰 쥐다. 이 쥐는 사하라 이남 지역에 주로 서식하고 몸집이 크고 햄스터처럼 볼이 불룩

하다고 해서 감비아 거대 햄스터쥐라고도 불린다.

감비아도깨비쥐는 탄자니아의 모로고로에 소재한 APOPO라는 비영리단체에서 훈련을 받고 지뢰 제거 작업에 투입된다. 감비아도깨비쥐는 훌륭한 지뢰 수색자가 되기에 좋은 조건을 모두 갖추고 있다. 이 쥐들은 아주 작은 양의 폭발물 냄새도 감지할 수 있을 만큼 후각이 탁월해서, 지뢰가 매설된 지역에서 지뢰를 폭발시키지 않고 쉽고 편하게 돌아다닐 수 있다. 지뢰 탐지쥐는 지뢰 탐지견보다 여러 면에서 장점이 많다. 이들은 빨리 배우고, 먹이도 조금 달라고 하고, 더 다루기 쉽다. 게다가 감비아도깨비쥐는 열대병에 잘 감염되지 않는다.

쥐를 이용한 지뢰 탐지 원칙은 비교적 단순하다. 지뢰 탐지 훈련을 받은 쥐가 지뢰 냄새를 맡으면 발견 장소에서 행동을 멈추고 앞발로 바닥을 긁기 시작한다. 이렇게 탐지된 지뢰는 인간 지뢰 전문가가 제거한다. 쥐가 200제곱미터 구역 냄새를 맡는 데 45분이 채 안 걸린다. 쥐 관리자는 위험 발생 가능성을 방지하기 위해 탐색 지역에 두 마리 혹은 세 마리의 쥐를 동시에 투입한다.

감비아도깨비쥐는 탄자니아의 소코니 농업 대학교에서 훈련을 받는다. 처음에 이곳에서는 훈련 대상 쥐에게 폭약이 있는 테스트 샘플과 폭약이 없는 테스트 샘플을 준다. 쥐가 폭약이 들어 있는 샘플을 찾으면 보상으로 맛있는 바나나 조각 같은 먹이를 준다. 훈련사는 쥐가 아주 작은 폭발물을 감지할 때까지 이러한 기본 훈련을 반복한다. 그다음 단계는 야외 훈련이다. 쥐는 아주 넓은 야외 훈련장에서 '진짜' 지뢰를 찾고 확인하는 방법을 배운다. 총 24만 제곱미터에 달하는 훈련 및 테스트 부지에서 쥐와 훈련사는 1,500개의 매설된 지뢰를 찾는다. 물론 이 지뢰들의 폭발 장치는 이미 제거되어 있다. 지뢰 탐색쥐 훈련 과정은 6개월에서 8개월 정도 걸린다. 이 기간에 감비아도깨비쥐는 최고의 학습 능력을 발휘할 수 있기 때문이다.

진짜 지뢰가 있는 지뢰밭에 쥐를 투입하려면 국제지뢰행동표준IMAS. international mine action standards의 승인을 받아야 한다. 훈련 과정을 끝낸 쥐는 지뢰 탐지 테스트에서 100퍼센트 성공률을 달성해야 실전 현장에 투입될 수 있다.

다음은 APOPO에서 조사한 지뢰 제거 작업 결과다. 탄자니아의 비영리단체인 APOPO는 모잠비크에서 쥐의 도움으로 약 2,000개의 지뢰와 1,000개의 불발탄, 이외에도 1만 2,000개의 휴대용 화기와 탄약을 손상 없이 제거함으로써, 600만 제곱미터가 넘는 지뢰 매설 지역을 일반인들이 마음 놓고 다닐 수 있게 만들었다. 이것은 축구 경기장 1,000개에 해당하는 면적이다.

2015년 모잠비크의 외무부장관은 이러한 성과에 자랑스러워하며, 학습 능력이 뛰어난 감비아 거대 햄스터쥐의 후각 탐지 능력을 이용해 '더 넓은 지역의 탈지뢰화'에 힘쓰겠다고 선포했다.

남아프리카의 쥐들은 '영웅 쥐'라고 불린다. 이 쥐들은 모잠비크에서 임무 수행에 성공했지만 이것을 끝으로 실업자 신세가 되지는 않았다. 이들은 태국, 캄보디아. 라오스에서 지뢰 수색 작업에 투입되어 성공적인 결과를 내고 있다.

이런 국가들이 언젠가 쥐 덕분에 지뢰의 공포에서 해방될 날이 온다고 해도 아직 쥐들이 할 일은 많다. 지금도 전 세계 70여 개국에는 이보다 더 큰 면적에 지뢰가 매설되어 있기 때문이다.

드론 저격수 독수리

최근 드론은 호황을 맞이했다. 군인, 사진작가, 택배 배달원, 일반인에 이르기까지 드론을 사용하는 사람들이 점점 많아지고 있다. 하지만 비행기와 충돌하거나, 테러를 목적으로 원자력 발전소나 다른 매력적인 목표물을 저격하기 위한 폭발물이 실린다면 드론은 위협적인 존재가 된다. 이런 이유로 많은 국가에서 각종 테러 방어 시스템을 개발하는 데 매진하고 있다. 미국의 한 회사는 드론에 레이저 대포를 장착했고, 에어버스는 무선 방해를 연구하고, 일본 경찰은 네트워크를 이용해 다른 드론을 포착하는 드론을 사용하고 있다.

프랑스 공군은 또 다른 방법으로 드론과의 전쟁을 벌이고 있다. 이들들은 하이테크 기술 대신 동물을 이용한 로우테크 기술을 택했다. 앞으로는 독수리가 군사 항공

교통을 방해하는 위험한 드론을 하늘에서 낚아챌 것이다. 네 마리의 검독수리가 프랑스 남부 지역에 위치한 몽드마르상에서 드론 사냥 훈련을 받았다. 이 네 마리의 검독수리에게는 알렉상드르 뒤마의 등장인물인 영원불멸의 총사銃士의 이름을 따서 달타냥, 아라미스, 아토스, 포르토스라는 이름이 붙여졌다. 날개 사이즈가 2미터가 넘고 체급이 최대 5킬로미터인 검독수리는 최대 4킬그램의 드론을 하늘에서 낚아챌 수 있을 만큼 크고 강하다.

검독수리의 훈련 과정은 비교적 단순하다. 검독수리 훈련은 전문 자격증이 있는 매 훈련사들이 책임지고 있다. 훈련사는 태어난 지 며칠 안 된 어린 새 앞에 낡은 드론을 가져다 놓는다. 나중에 훈련사들은 드론에 작은 고깃덩어리를 붙여 놓는다. 이 방법으로 검독수리들은 드론이 쏠 만한 먹잇감이라는 사실을 배운다. 하늘에서 드론을 낚아채 가져오는 모든 검독수리는 보상으로 고기를 한 덩어리 더 받는다. 검독수리들은 드론의 프로펠러 앞에서도 겁을 낼 필요가 없다. 단단한 비늘뼈가 독수리의 발을 보호하기 때문이다.

프랑스 공군은 검독수리를 드론 사냥 외의 더 많은 곳에 활용할 예정이다. 공항과 원자력 발전소는 물론이고 축구 경기, 오픈에어 콘서트, 프랑스 국경일의 군사 퍼레이드와 같은 행사에 독수리들이 대거 투입될 것이다. 하지만 그러려면 먼저 군중 사이에서 행동하는 법을 훈련받아야 한다. 프랑스 공군은 이 계획이 성공할 것이라 확신하는 듯하다. 그렇지 않았더라면 훈련사에게 어린 독수리 네 마리를 더 훈련하라는 명령을 내리지 않았을 것이다.

프랑스 이외의 다른 국가에서도 '달타냥과 친구들'이 드론 사냥꾼으로 투입될 것으로 보인다. 스위스 제네바 경찰도 두 마리의 독수리를 드론 사냥꾼으로 키우고 있다. 언론 보도에 의하면 독일 브란덴부르크의 CDU 지방의회 원내교섭단체에서 테러용 드론을 방어하기 위한 독수리 군대 도입을 강력하게 요청했다고 한다.

독수리 드론 사냥꾼들에게 타격을 주는 사건이 있었다. 2016년 네덜란드 헤이그의 상업 지구에 있는 '가드 프럼 어보브Gard from Above'라는 기업이 네덜란드 경찰의 의뢰로, 독수리에게 첩보 활동이나 밀수, 테러 등에 사용되는 적 드론을 하늘에서 낚아채 오는 훈련을 시켰다. 하지만 이 프로젝트는 겨우 1년 만에 중단되었다. 회사 관계자는 훈련 시간과 비용을 훈련 중단 이유로 들었다. 게다가 독수리들은 배가 고플 때만 드론을 잡았다. 그렇지 않은 경우에는 대형 드론에 달린 프로펠러에 다칠까 봐 겁을 냈다고 한다. 드론 사냥 훈련에 실패한 독수리들은 조기 은퇴를 해서 현재 여러 지역의 동물 보호소에서 지내고 있다.

하늘에서 드론을 낚아채는 훈련을 시킬 필요가 없는 독수리들도 있다. 과거에 호주의 서부 지역에 소재한 세인트 이브스 금광에서 실제로 있었던 일이다. 금을 찾는 사람들은 정기적으로 드론을 띄워서 이 지역의 3D 지도를 제작했다. 탐색 비행을 하던 드론은 항상 쐐기꼬리독수리*Aquila audax*의 공격을 받고 추락했다. 물론 여기에는 이유가 있었다. 쐐기꼬리독수리는 아주 심한 영역 동물이다. 그러니까 드론이 쐐기꼬리독수리에게 자신의 영역을 침범하려는 적으로 간주되었기 때문에 계속 공격받았던 것이다. 크기도 전혀 문제가 되지 않는다. 쐐기꼬리독수리의 날개 사이즈는 2.3미터가 넘는 반면, 드론의 날개 사이즈는 겨우 1미터밖에 안 된다.

비용 문제도 있었다. 지난 몇 년간 이 독수리들은 아홉 개의 드론과 한 대 가격이 1만 4,000유로인 카메라 장비를 망가뜨렸다. 이 손실을 최소화하기 위해 지뢰 회사에서는 컬러 스프레이로 독수리를 속이는 시험을 했다. 이들은 독수리들이 혼동하도록 드론에 스프레이를 뿌려 색깔을 바꾸거나 무지개 색깔로 바꾸어 놓았다. 독수리들은 잠시 헷갈리는 듯했지만 이내 색깔이 바뀐 드론을 공격했다. 그러니 드론을 날리고 싶다면 쐐기꼬리독수리가 비행하지 않는 시간일 때 띄우는 것이 가장 편하고 안전한 방법이다. 독수리들은 햇빛이 쨍쨍한 점심시간에 나는 것을 좋아한다. 이때의 온도가 비행하기에 좋기 때문이다. 지금은 이른 아침에 드론을 띄운다.

크렘린의 까마귀 경찰

크렘린의 러시아 연방 대통령 집무실에는 반갑지 않은 손님이 있다. 바로 러시아 권력의 중심지에서 수십 년 동안 골칫거리로 여겨졌던 송장까마귀다. 문제는 까마귀들이 특히 좋아하는 것이 여기에 있다는 것이다.

잘 알려져 있다시피 까마귀는 반짝거리는 것을 좋아한다. 게다가 놀기를 좋아하고 호기심이 아주 많다. 그런 까마귀의 취향에 크렘린궁의 둥근 지붕에 씌워진 금박이 딱 들어맞는다. 금박은 마법처럼 까마귀들을 끌어들인다. 거기서부터 문제가 생긴다. 까마귀 때문에 이 비싼 금박이 손상된다는 것이다. 크렘린의 까마귀들은 둥근 지붕의 금박 위에서 자주 긴 하루를 보낼 뿐만 아니라, 지치지도 않는지 이곳을 아예 놀이터로 삼았다.

까마귀들에게는 둥근 지붕 꼭대기에 앉아서 노는 것

만큼 재미있는 일이 없다. 까마귀들은 마치 썰매를 타듯 날개를 푸드덕대며 금박 지붕을 타고 내려온다. 이 정도는 봐줄 만하다. 진짜 문제는 까마귀들이 썰매를 타고 내려오다가 발톱으로 금박을 긁어 금박 지붕에 심한 흠집을 남긴다는 것이다. 이 흠집을 보수하려면 수천만 달러가 든다. 지붕을 복원하는 데 그렇게 큰돈을 지출하고 싶지 않은 러시아 정부에게 까마귀는 골칫거리일 수밖에 없다.

해결도 간단하지가 않다. 까마귀는 유인원과 돌고래 다음으로 영리한 동물로 손꼽힌다. 게다가 송장까마귀는 미덥지 못한 동물로 악명 높을 뿐만 아니라, 자신의 안전이 걸린 문제에 대해 아주 예민하다. 평범한 방법으로 까마귀에게 대응했다가는 실패하기 십상이다.

러시아 정부는 수십 년 동안 이 불청객을 쫓아내기 위해 여러 가지 방법을 동원했다. 까마귀가 싫어하는 시각이나 청각적 효과, 함정과 독을 이용했다. 물론 골칫덩어리인 까마귀를 그냥 쏘아 죽이려고도 해보았다. 하지만 영리한 까마귀에게는 이 모든 방법이 어설펐다. 까마귀가 싫어하는 섬광과 소리도 이용해 보았지만 까마귀는 그것들이 전혀 해롭지 않다는 사실을 너무 빨리 알아챘다. 까마귀들은 함정과 독 바로 옆에 자리를 잡고, 사냥꾼의 사정거리 밖에서 빈둥댔다. 모든 시도는 완전히 실패로 돌아갔다.

그러다 러시아 군사령부의 직원이 번뜩이는 아이디어를 냈다. 맹금류를 이용할 생각을 왜 못했을까? 까마귀의 천적을 까마귀 사냥꾼으로 투입하면 어떨까? 1973년 이 아이디어를 실행하기 위해 '조류 관리 서비스'라는 기관이 설립되었다. 처음에 조류 관리 서비스에서는 매를 까마귀 사냥꾼으로 이용했지만 효과가 별로 없었다. 나중에 크렘린의 송장까마귀 사냥에는 참매가 가장 적합하다는 사실이 밝혀졌고, 현재 크렘린에는 10마리의 참매가 있다. 참매는 크렘린의 타츠니츠키 정원에서 지내면서 관광객이 없는 새벽에 매일 사냥을 나간다. 그리고 정찰 비행 중에 까마귀를 발견하면 바로 공격한다. 까마귀는 이렇게 공격을 받고 나면 얼마 동안은 자신의 생명이 위험한 출입 금지 구역을 피해 다닌다.

물론 저녁 시간에도 보초가 있다. 수리부엉이가 참매와 업무를 교대한다. 조류 관리 서비스에 소속된 모든 새들에게는 칩이 부착되어 있어 원격 측정 시스템으로 위치를 파악할 수 있다.

한편 조류 관리 서비스 소속 새들이 까마귀 사냥 외에

하는 대표적인 업무가 있다. 관람객들을 즐겁게 하기 위해 화려한 유니폼을 입은 가이드와 함께 크렘린의 소보르나야 광장에서 열리는 근위병 의식에 참여하는 것이다.

코코넛 따기를 가르치는 원숭이 학교

코코넛 농사는 인간이 하기에 상당히 고되고 힘든 일이다. 무엇보다 사고 위험이 크기 때문이다. 코코넛 열매는 현기증이 날 정도로 높은 곳에 매달려 있는데, 이 열매를 따려면 특수 보조 장치를 달고 코코넛 나무 위로 올라가긴 칼로 쳐내야 한다. 운동 신경이 아주 좋은 사람은 열심히 일하면 하루에 약 300개의 코코넛 열매를 딸 수 있다. 그런데 잘 훈련받은 원숭이는 하루에 1,000개가 넘는 코코넛 열매를 딸 수 있다. 태국의 수라타니에는 유명한 원숭이 학교가 있는데 이곳에서 원숭이들에게 코코넛 따는 법을 가르친다.

원숭이 학교의 학생들은 주로 돼지꼬리원숭이*Macaca nemestrina*다. 돼지꼬리마카크라고도 하는데 마카크macaque라는 이름은 꼬리가 짧고 뭉툭해서 붙었다. 뭉툭한 꼬리는 언뜻 보면 돼지 꼬리처럼 생겼다. 원숭이들은 미래의 고용주, 대개 코코넛 농장 주인들에 의해 어릴 때 일종의 기숙학교인 원숭이 학교에 입학한다. 이 학생들은 주인이 직접 키우거나 특수 사육 기관에서 데려온 친구들이다.

태국에서는 원칙적으로 야생 원숭이를 잡는 것이 금지되어 있지만 농부들은 정글에서 자유롭게 살던 원숭이들을 잡아 오기도 한다. 공식적인 입장은 이렇다. "원숭이가 나한테 달려왔다. 그래서 나는 원숭이에게 친절하게 대했고 도와주고 싶어서 원숭이를 보호한 것이다."

원숭이 훈련은 엄격한 절차에 따라 진행된다. 먼저 석 달 동안 훈련사가 학생들이 다른 원숭이들과 놀 때 얼마나 민첩하고 학습 능력이 좋은지 관찰한다. 그리고 원숭이가 훈련에 적합한지 결정한다.

일반적으로 원숭이를 훈련할 때 훈련사는 돼지꼬리원숭이가 천성적으로 호기심이 매우 많고 다른 사람이나 원숭이의 행동을 모방하는 것을 아주 좋아한다는 점을 이용한다. 처음에 원숭이는 눈으로 배우다가, 나중에는 행동으로 배운다. 아침에 30분, 저녁에 30분씩 연습을 한다.

미래의 코코넛 따기 전문가들은 학교에서 코코넛 다루는 법을 가장 먼저 배운다. 먼저 코코넛 줄기에 달린 열매를 오랫동안 한 방향으로 돌려야 가늘지만 질긴 줄기가 찢기고 열매가 떨어진다는 점을 알아야 한다. 그래서 훈련사들은 훈련 초기에는 두 손을 코코넛 위에 올려놓고, 자신의 제스처를 보고 학생들이 앞발을 코코넛 위에 올려놓으라고 가르쳐준다. 그다음에 원숭이는 훈련사의 제스처를 모방하면서 코코넛을 돌리는 법을 배운다. 줄기에 달려 있는 코코넛으로 일종의 예비 연습을 한다.

기본 훈련이 끝나면 다음에는 최대한 많은 코코넛을 딸 수 있도록 코코넛 열매를 빠르게 돌리는 법을 배운다. 주인에게는 이것이 결국 돈이 걸린 문제이기 때문이다. 그리고 실전 연습에 들어간다. 돼지꼬리원숭이들은 줄에 매달린 상태로 약 10미터 높이의 코코넛 나무에 올라가 열매를 따고 바닥에 던진다. 그러면 훈련사들이 열매를 모아둔다. 원숭이들은 나무에서 줄이 엉겼을 때 엉킨 줄을 푸는 법도 배운다. 침착하게 매달려 패닉 상태에 빠지지 않는 것이 중요하다. 그렇지 않으면 줄이 완전히 엉켜서 훈련사나 주인이 직접 원숭이 몸에 엉켜 있는 줄을 풀기 위해 올라가야 한다.

지능과 학습 능력에 따라 차이는 있지만 6개월 만에 과정을 마치는 원숭이들도 있다. 원숭이들의 수업 성적에 따라 원숭이들이 초등학교에만 갈 것인지 상급학교에 진학할 것인지 결정된다. 초등 과정 교육비는 약 150유로인 반면 수능 시험을 준비하려면 무려 600유로가 든다. 재능이 많은 원숭이들은 상급학교에 진학해서 2년을 더 공부한다. 이후에 주인이 원숭이들을 데리고 간다. 특별히 재능이 많은 학생들은 코코넛 따기뿐만 아니라, 코코넛을 자루에 담고 트럭에 옮기는 것까지 배운다. 코코넛을 따는 원숭이 중 진짜 달인은 하루에 1,000개가 아니라 최대 1,500개의 코코넛을 딸 수 있다.

수라타니 원숭이 센터를 나온 원숭이가 농장주들에게 인간보다 좋은 점은 여러 가지다. 원숭이들은 불평을 하지 않고, 고소공포증도 없고, 노조도 결성하지 않는다.

하지만 원숭이를 코코넛 수확 도우미로 계속 활용해도 좋을지는 좀 더 논의해봐야 한다. 농장주들은 자신들이 원숭이를 정말 가족처럼 생각하고 대우한다고 주장하지만, 동물 보호 단체에서는 동물 노예제를 중단할 것을 촉구하고 있다. 동물 보호 단체에서는 동물이 노역을 강요당하고 있고 종의 특성에 맞게 성장하지 못하고 있다는 점을 지적한다.

코코넛 따기 전문 훈련을 마친 원숭이는 무려 1만

2,000마리다. 단기적인 측면에서 태국 농민들이 이 원숭이들을 포기하기란 어렵다. 지금도 매년 수확해야 할 코코넛이 170만 톤에 육박하기 때문이다.

양을 치는 당나귀

수십 년 전 완전히 멸종되었던 야생 늑대가 독일에 다시 나타났다. 폴란드에서 독일로 이동한 늑대들은 안정적인 개체군을 형성했고, 앞으로도 이 추세가 유지될 것으로 보인다. 자연 애호가들과 동물권자들은 만세를 부를 일이지만 목동들에게는 정말 화가 나는 일이다. 늑대가 양을 잡아먹는 일이 점점 많아지고 있기 때문이다. 늑대에게 양은 쉬운 먹잇감이다. 그래서 일부 독일 목동들은 자신이 키우는 양을 보호하기 위해 네발 달린 짐승을 데려왔다. 이 짐승은 셰퍼드나 양치기에 적합한 다른 견종의 개가 아니다. 목동들이 고민 끝에 선택한 동물은 다름 아닌 당나귀였다. 양을 보호하기 위한 양치기 당나귀!

양치기 하면 개를 떠올리겠지만 모든 목동이 양치기로 개를 선택하는 것은 아니다. 생태주의자나 사냥꾼들이 많은 일부 지역에서는 양치기견을 보기 어렵다. 개가 땅에서 알을 낳는 조류들의 둥지에 손을 대기 때문이다. 게다가 양치기견은 교육이 필요하고, 당나귀는 그렇지 않다. 당나귀는 대부분의 견종보다 방어 능력이 뛰어나다.

사람들은 당나귀가 멍청하고, 고집이 세서 길들이기 어렵고, 게으르다고 생각한다. 오래전부터 당나귀들은 이런 편견과 싸워야 했다. 이것은 진실이 아니고, 사실은 완전히 정반대다. 당나귀는 머리도 좋고, 기억력도 좋고, 학습 속도도 빠르다. 고집이 세고, 게으르고, 지능이 떨어진다는 말은 당나귀와는 상관없는 얘기들이다. 당나귀는 익숙하지 않은 상황에 처하면 자신이 성급히 행동해서 해를 입지 않을지 더 깊이 생각한다. 그래서 당나귀에게는 종종 자기만의 시간이 필요하다.

당나귀는 여러 면에서 양을 돌보는 데 적합하다. 일단 당나귀는 주의력이 아주 뛰어나다. 당나귀는 시력이 매우 좋고 섬세한 후각과 탁월한 청각까지 갖추고 있다. 게다가 아주 강한 영역 동물이다. 그래서 양들을 잘 모으고 공격을 당할 때면 단결시킨다. 가장 중요한 특성은 당나귀가 선천적으로 갯과 맹수를 싫어한다는 것이다. 늑대로부터 양을 지키는 일에 무척 적합한 특성이다.

처음에 당나귀는 자신의 양들을 청각적으로 보호한다. 당나귀는 늑대가 나타나면 공포심을 자극하는 소리를 낸다. 이 소리는 양들에게 보내는 경고 신호이고 양 떼를 공격하려는 늑대나 곰에게 가하는 위협이다. 소리가 통하지 않으면 당나귀는 이빨을 갈고 상대를 발굽으로 밟아 공격하는데, 매우 치명적이다. 게다가 당나귀는 양을 도둑들로부터 잘 지킨다. 당나귀의 강한 발굽 소리가 들리면 도둑은 양을 훔칠 수 없다.

당나귀는 심지어 사람도 죽일 수 있다. 몇 년 전 헝가리에서 당나귀 두 마리가 자신에게 다가오는 오토바이 운전자를 오토바이에서 끌어내려 물어뜯고 발굽으로 밟아 죽인 일이 있었다.

당나귀는 오래 전부터 양 떼들을 지켜왔다. 목동들은 당나귀의 성격이 양치기에 적합하다는 것을 누구보다 잘 안다. 나미비아에서는 당나귀가 치타로부터 양과 염소를 보호하고, 스위스에서는 당나귀가 스라소니와 여우로부터 양을 지켜주며, 캐나다에서는 당나귀가 코요테가 양 떼에 접근하지 못하도록 한다.

하지만 모든 당나귀가 양치기에 적합한 것은 아니다. 무리를 보호하려는 본능이 모든 당나귀에게 동일하게 나타나지는 않기 때문이다. 어떤 당나귀가 양을 칠 수 있을지 궁금하다면 먼저 테스트를 해보면 된다. 예를 들어 양떼가 있는 목초지에 당나귀 한 마리를 두고 몸집이 크고 공격적인 개와 대치시켜보자. 간혹 당나귀가 자신이 지켜야 할 양을 오히려 괴롭히는 모습이 관찰된다면 양치기로 적합하지 않다. 실제로 스위스 남부 칸톤주와 발레주의 연구팀은 일부 양치기 당나귀가 양들을 물어뜯을 뿐만 아니라 숫양과 암양이 교미하지 못하도록 방해하는 모습도 관찰했다.

양치기에 당나귀는 한 마리를 쓰는 것이 좋을까, 여러 마리를 쓰는 것이 좋을까? 대답하기 까다로운 질문이다. 당나귀가 한 마리일 때에는 양들을 하나로 모으는 것이 더 쉽다. 당나귀는 양들과의 유대감을 더 강하게 느끼고, 자신의 양 떼를 보호하겠다는 의지도 더 강해진다. 이러한 성향은 특히 어릴 때부터 양들과 함께 자란 당나귀들에게 많이 나타난다. 하지만 당나귀 혼자서는 굶주린 늑대를 감당하기 어려울 때도 있고, 심지어 당나귀가 늑대의 먹잇감이 될 수도 있다. 그렇다고 당나귀가 너무 많은 것도 좋지 않다. 스위스 연구팀의 관찰 결과에 의하면 당나귀들이 함께 있으면 양을 지키는 임무에 소홀해진다.

전문가들은 당나귀들이 "자신의 의무를 잊어버리고 담배를 피우는 용병 부대"처럼 행동한다고 표현했다.

당나귀를 마련하는 비용은 별로 비싸지 않다. 성별과 연령에 따라 차이는 있지만 한 마리당 300유로에서 1,000유로 사이다. 그리고 한 달 유지비용은 약 150유로 정도다. 털 및 발굽 관리, 백신 접종, 구충제를 포함한 비용이다.

공항에서 근무하는 벌들

독일 북부에서 가장 규모가 큰 공항인 함부르크 공항에서
는 20년 째 벌들이 환경 경찰로 일하고 있다. 공항 당국은
매년 약 7만 마리의 부지런한 꿀벌들을 환경오염 상태를
감찰하는 '바이오 탐정'으로 파견한다. 벌을 통해 항공 교
통이 공항 주변 대기질에 어느 정도 영향을 끼치는지 감
시하는 것이다. 벌이야말로 이 업무의 적임자다. 벌은 화
밀과 화분을 통해 식물을 오염시키는 유해 물질을 흡수할
수 있기 때문이다. 부지런한 꿀벌들은 주변 3킬로미터 이
내에서 자신들이 먹을 것을 찾기 때문에 실험실에서 꿀의
성분을 분석하면 공항 주변의 유해 물질 오염 상태를 신
속하게 파악할 수 있다. 등유가 연소될 때 발생하는 독성
중금속이나 건강에 해로운 다환 방향족탄환수소 같은 유
해 물질이 꿀에 어느 정도 들어 있는지 조사하는 것이다.

공항에서 근무하는 벌들은 함부르크 공항 인근에서 매년 150킬로그램의 꿀을 모은다. 엄청난 실적이다. 이만큼의 꿀을 모으려면 벌은 2,200만 번 이상 비행해야 하고 약 6억 개의 꽃을 찾아가야 하므로 이것은 대단한 실적이다.

유럽의 공항들도 함부르크 공항의 사례를 벤치마킹해 대기질을 검사하는 데 벌을 이용하고 있다. 지금까지 벌들의 바이오 모니터링 성과는 모든 공항에서 기대 이상이었다. 꿀을 통해 측정된 수치는 유럽연합에서 규정한 최고치보다 한참 아래였다.

벌을 이용한 유해 물질 감시 체계에는 달콤한 부수적인 효과도 있다. 양봉업자들은 함부르크 공항의 꿀이 특히 맛이 좋다고 한다. 매년 약 600병(병당 250그램)의 꿀이 생산되는데 일반 구매는 불가능하고 공항 당국에서 특별한 날에 사은품으로 제공한다.

오리를 빌려드립니다

취미 정원사들에게 두더지는 반갑지 않은 손님이겠지만 스페인민달팽이*Arion vulgaris*에 비할 수는 없을 것이다. 식욕이 왕성한 이 연체동물은 식물이 보이는 족족 치설*을 드러내며 다 먹어 치운다. 달팽이는 대개 한 번에 몰아서 나타나기 때문에 채소밭, 딸기밭, 저녁 식사를 위한 상추밭까지 완전히 초토화시킨다. 이 모습을 보는 순간 공들여 채소를 가꾼 정원사들의 마음은 허탈해진다.

이보다 더 달갑지 않은 사실은 스페인민달팽이가 정원에 주는 피해가 다른 달팽이들과 비교할 수 없을 정도로 크다는 것이다. 그 이유는 두 가지다. 하나는 다른 종류

---

* 연체동물의 입속에 있는 기관으로 작은 이가 늘어서 있어 먹이 섭취를 돕는다. ─옮긴이

의 민달팽이들과 달리 스페인민달팽이에게는 천적이 거의 없다는 것이다. 지빠귀, 찌르레기, 두더지, 땃쥐와 같은 일반적인 달팽이 포식자들은 스페인민달팽이를 보호하는 질긴 부식성 점액과의 상성이 나쁘다.

또 다른 이유는 스페인민달팽이는 움직임이 아주 많을 뿐만 아니라 빛에도 많이 민감하지 않고 다른 종류의 달팽이에 비해 건기를 훨씬 잘 견딘다는 것이다. 게다가 번식률도 높다. 한 배에 최대 400개의 알이 들어 있는데, 이것은 다른 달팽이들의 두 배나 많은 수다.

각종 원예 잡지에서 소개하는 달팽이 퇴치법은 스페인민달팽이에게는 통하지 않는다. 많이 알려진 달팽이 퇴치 방법으로 '맥주에 퐁당 빠뜨리기'가 있다. 식탐이 많은 이 연체동물들을 말 그대로 맥주에 빠뜨려 처치하는 방법이다. 그런데 오히려 맥주 냄새가 이웃집 정원의 달팽이들까지 여러분의 정원으로 끌어들여 달팽이들이 자기 배만 채우고 알까지 낳고 가게 할 수 있다.

스페인민달팽이 처치에 비교적 효과가 있는 방법은 알갱이 형태의 연체동물 살충제 등 화학 살충제를 사용하는 것이다. 하지만 생태학적으로 정원을 조성한 정원사들은 환경적인 관점에서 발생할 수 있는 부작용 때문에 살충제 사용을 거부한다.

화학 살충제가 싫다면, 번거롭겠지만 아침마다 손으로 달팽이를 잡고, 값은 좀 비싸더라도 달팽이 울타리를 쳐서 화단을 보호하거나, '오리 대여 서비스'를 신청하는 방법이 있다.

오리 대여 서비스는 원래 오스트리아에서 시작된 독특한 사업 아이디어로, 환경 문제에 대한 걱정 없이 비교적 저렴한 비용으로 달팽이를 성공적으로 퇴치할 수 있는 방법이다.

이것은 소위 아리오니대과Arionidae 달팽이들에게 시달리고 있는 독일, 오스트리아, 스위스의 취미 정원사들에게 "오리를 빌려드립니다"라는 모토로 제공하는 서비스다. 현재 여러 업체에서 '샐러드 킬러' 스페인민달팽이를 퇴치하는 인도집오리Indian Runner duck를 일정 기간 대여하는 서비스를 제공하고 있다. 병 모양 오리로도 알려져 있는 인도집오리는 19세기 중반 동남아시아에서 유럽으로 도입된 종이다. 인도집오리는 스페인민달팽이를 즐겨 먹는다. 달팽이에 점액이 있어서 삼키기 쉽기 때문이다. 인도집오리는 쌍으로만 대여되는데, 정원에 달팽이가 완전히 없어질 때까지 데리고 있을 수 있다. 스페인민달팽이 제거를 위한 인도집오리 대여 비용은 오리 한 쌍당 10유로에서 20유로 사이이다.

서비스 제공 업체에 의하면 대부분의 고객들은 이 서비스에 기대 이상으로 만족한다. 심지어 오리와 정이 많이 들어서 계약이 종료된 후에 오리를 반납하지 않으려는 사람들도 있다고 한다.

"오리를 빌려드립니다" 아이디어에 여러 차례 환경 공로상이 수여되었지만 비판하는 사람들도 있다. 일부 동물권 운동가들은 오리 대여 서비스가 오리의 기본 욕구를 철저히 무시한 행동이라고 비판한다. 이들은 습관에 따라 살아가는 오리가 늘 장소를 옮겨 다녀야 한다는 점을 지적한다. 또한 대여자들이 오리에게 추가적인 먹이 지급을 자주 잊어버리고, 대여 서비스 업체가 물놀이 공간이나 족제비의 공격에서 안전한 축사 같은 생활환경을 고려하지 않는다는 것도 문제점으로 지적된다.

고고학자가 된 개

여러분은 혹시 '고고학견'에 관한 이야기를 들어본 적이 있는가? 들어본 적이 없다고 해도 괜찮다! 고고학견은 생긴 지 10여 년밖에 안 되었고 전 세계에 아직 몇 마리밖에 없다.

고고학견은 예민한 후각으로 땅속에 묻혀 있는 수백 년 된 뼈 냄새를 맡을 수 있다. 고고학자들은 덕분에 고대의 고분 유적지와 유물을 위치를 찾을 수 있다.

개는 탁월한 후각을 가지고 있기 때문에 오래된 뼈를 상대적으로 쉽게 찾을 수 있다. 개는 아주 오래된 냄새도 인식하고 구분할 수 있다. 이것은 개의 후각 세포 수가 월등히 많다는 점과 소위 '후각뇌'의 크기와 관련이 있다. 후각뇌라는 뇌 영역에서는 냄새에 관한 메시지가 처리되고, 분석되고, 저장된다. 인간의 뇌에서 후각뇌가 차지하는 비중은 1퍼센트밖에 안 되지만, 개의 뇌에서 이 비중은 무려 10퍼센트에 달한다. 그래서 개는 인간보다 100만 배나 후각 능력이 우수하다.

2012년 세계 최초의 고고학견이 호주에 등장했다. 그 주인공은 래브라도와 마스티프의 믹스견인 미갈루다. 브리즈번 출신의 반려견 훈련사인 미갈루의 주인은 당시 세 살이었던 미갈루에게 인간의 뼈 화석을 찾는 훈련을 시켰다. 그는 남호주 박물관에서 대여 전시품인 오스트레일리아 원주민 고분 유적지의 250년 된 뼈를 훈련 교재로 사용했다. 먼저 그는 애버리지니 부족의 최고 연장자에게 허락을 구해야 했다. 6개월 동안 집중 훈련을 받은 미갈루는 인간과 동물의 뼈 냄새를 구분하는 것은 물론이고 땅속 깊이 묻혀 있는 뼈의 위치까지 파악할 수 있게 되었다.

미갈루의 훈련은 보상 원칙을 바탕으로 진행되었다. 미갈루가 고대의 뼈를 발견했을 때 소시지와 같은 단순한 보상을 주는 것이 아니라, 미갈루가 가장 좋아하는 공놀이를 하게 해주었다. 그사이 미갈루 외에도 고고학 유물을 탐지할 수 있는 개들이 생겼다. 미국에도 여러 마리의 고고학견이 있다. 유럽에서는 2016년 스웨덴의 셰퍼드 파벨이 주목받았다. 파벨은 자신의 주인인 스웨덴의 고고학자 소피 발룰프Sophie Vallulv에게 훈련을 받았고, 스웨덴의 폼페이라 불리는 샌디 보그 유적지에서 고분을 찾는 작업에 투입되었다. 파벨은 무려 94퍼센트의 정확도로 인간과 동물의 뼈를 구분해낸다.

독일에도 고고학견이 있다. 플린트스톤이라는 고대 독일어풍의 이름을 가진 양치기견은 자신의 주인이자 고고학자인 디트마르 크뢰펠Dietmar Kroepel에게 고대의 뼈를 찾는 훈련을 받았다. 플린트스톤의 전문 분야는 기원전 2000년부터 기원후 600년 사이 기간의 뼈를 찾는 것이다. 그는 최대 2.5미터 깊이에 묻힌 뼈 냄새를 맡을 수 있다. 최근 플린트스톤은 에버스베르크의 로마 고분을 발견했고, 얼마 후 또 다른 고고학 유물을 발견했다.

플린트스톤은 이제 유물 발굴 작업에 투입될 수 없다. 얼마 전 그는 독일 사법 경찰로부터 숲의 지정된 구역에서 30년 전 실종된 여인의 시신을 찾아달라는 요청을 받았다. 처음으로 자신이 더 최근의 뼈를 찾을 수 있다고 입증해야 하는 상황이 온 것이다. 오래되지 않은 시신에는 부패가 진행 중인 성분이 있어서 이 임무는 시체 탐지견에게 더 적합하지만, 플린트스톤은 유기 물질이 아닌 순수한 뼈를 기준으로 탐색 작업을 하기 때문에 이 일에 투입되었다. 플린트스톤이 발견한 가장 최근의 시신, 아니 해골은 18년 전에 죽은 사람의 것이었다. 플린트스톤은 이 임무도 능숙하게 해냈다. 그사이 그는 독일 사법경찰 당국, 지방범죄수사청이나 연방범죄수사청의 미제 사건 담당 부서에 투입되어 7년 된 시신을 발견해 시신 위치 추적에 길잡이가 되어주고 있다. 조만간 더 많은 고고학견이 배출될 것으로 기대된다. 플린트스톤의 주인인 디트마르 크뢰펠은 그사이 '아케오 독스Archaeo Dogs'라는 고고학견 훈련 단체를 설립했다. 이 단체의 회원은 아직 많지 않지만 조만간 늘어날 것으로 보인다.

살인사건의 진상을 밝히는 법의학자 동물들

1997년 독일에서는 악명 높았던 '목사 살인 사건'이 일어 났다. 당시 57세였던 마을 목사는 아내를 살해했다는 혐 의를 받고 있었다. 이 사건의 범인을 밝히는 데 결정적인 단서를 제공한 것은 아주 작은 개미였다. 두 생물학자의 도움이 없었더라면 진상이 묻혔을 것이다.

경찰 측에서 영입한 범죄 생물학자 마르크 베네케Mark Benecke는 시신에서 발견된 구더기의 크기를 바탕으로 범 행 시각을 용의자의 알리바이가 없는 때로 좁혀 나갔다. 하지만 이것만으로는 진상을 밝히기 어려웠다.

두 번째 결정적인 단서는 용의자로 지목된 목사의 장 화에 붙어 있던 개미였다. 괴를리츠 국립 자연 박물관의 개미학자인 베른트 자이퍼트Bernd Seifert는 목사의 장화에 서 발견된 개미가 범행 장소에만 나타나는 개미라는 사실

을 증명했다. 그렇게 목사가 범행 장소에 있었다는 사실
이 입증되었고 그는 간접 근거에 의해 살인죄로 8년형을
선고받았다.

'법 곤충학'은 시신에 서식하는 곤충을 통해 범행 시
간, 범행 동기, 범행 정황에 관한 정보를 얻고 그를 바탕으
로 범인을 밝혀내는 의학의 전문 분야다. 오랜 시간 바깥
에 방치되어 있던 시신에는 각종 곤충들이 서식한다. 물
론 부패 상태에 따라 차이가 있다. 검정파리는 가장 먼저
시신을 찾아와 신체의 구멍에 알을 낳는다. 몇 시간이 지
나면 유충들이 알을 깨고 나와 시신 조직을 뜯어 먹기 시
작한다. 그리고 한참 지나면 화장실 파리, 치즈 파리, 수시
렁이과 딱정벌레, '이름처럼 행동하는' 송장벌레가 차례
대로 시신에서 살아간다.

이러한 곤충들을 바탕으로 상당히 정확하게 범행 시
간을 확인할 수 있다. 이 작업에는 대개 하루 혹은 몇 시
간이 걸린다. 다양한 곤충들의 나이를 알아냄으로써, 그
러니까 시체에 있는 벌레가 구더기인지, 번데기인지, 딱
정벌레 성충인지, 파리인지 확인함으로써 피해자가 생존
했던 시간을 확인할 수 있다. 이러한 정보와 더불어 시신
의 사후 변화도 귀납적으로 추론할 수 있다. 또한 곤충의

상태를 분석하면 피해자가 시신이 있던 장소에서 살해되었는지 아니면 다른 장소에서 살해되었는지도 알아낼 수 있는 경우가 많다.

중국에서는 13세기에 이미 살인 사건의 진상을 밝혀내는 데 법 곤충학을 이용했다. 논에서 농부가 이름 모를 사람에게 살해되었다. 사건의 전말을 밝히기 위해 투입된 경찰은 용의선상에 오른 피해자의 동료들에게 낫을 햇볕에 두라고 했다. 몇 분 지나자 사람의 눈에는 거의 보이지 않는 아주 작은 혈흔에서 나는 냄새를 맡고 파리 떼가 몰려들었다. 범인이 피해자를 살해했던 낫에는 아직 혈흔이 남아 있었기에 그 낫에만 파리가 찾아든 것이다. 그렇게 범인이 밝혀졌다.

벌레뿐만 아니라 새도 특별 수사 요원으로 활동할 수 있다. 정말 놀랍게도 세계에서 가장 못생기기로 유명한 아프리카대머리황새*Leptoptilos crumenifer*가 법의학에서 중요한 역할을 하고 있다. 수십 년 전부터 수사관들은 범행 흔적을 확보하기 위한 수단으로 지문을 채취할 때 아프리카대머리황새의 깃털을 사용해왔다. 아프리카대머리황새의 깃털로 흔적이 있는 곳에 검은 가루를 뿌리고 살살 빗질을 한다. 일반 조류의 깃털과 달리 아프리카대머리황새의 깃털은 아주 섬세해서 지문의 융선에 검은 입자가 착 달라붙고 눌려 찍힌 상태가 지워지지 않게 해준다.

일기예보를 하는 개구리

현실에는 '일기예보 개구리'들이 있다. 일반적으로 다리가 네 개 달린 양서류들과 달리 이들은 다리가 두 개밖에 없고 개굴개굴 울지도 않는다. 농담조로 일기 예보 개구리라고 불리기도 하는 기상 캐스터들은 다양한 TV 스튜디오의 기상도 앞에서 일기예보를 한다. 진짜 일기예보를 한다는 개구리, 즉 청개구리는 대체 날씨와 무슨 관련이 있을까?

여러분은 혹시 작은 사다리가 있는 유리병에 담긴 청개구리를 본 적이 있는가? 보호 대상으로 지정되기 전까지 사람들은 이를 이용해 날씨를 예측했다. 개구리가 사다리를 타고 올라오면 날씨가 맑고, 개구리가 사다리를 타고 내려오면 흐리거나 비가 올 것이라고 해석했다. 이 해석은 상당히 미심쩍고 우스꽝스럽기까지 하다.

사실 청개구리가 날씨를 잘 맞힌다는 속설이 완전히 틀린 것은 아니다. 청개구리가 사다리를 타고 올라오는 것은 그의 식욕 때문인데, 날씨와 간접적으로 관계있다. 청개구리가 먹잇감으로 좋아하는 곤충들은 날씨가 좋을 때 날아다닌다. 반면 비가 올 때는 땅이나 나뭇잎 아래를 기어 다닌다. 영리한 청개구리는 자신이 좋아하는 먹이가 있는 곳에 머무른다. 청개구리를 투명한 유리병에 넣고 바닥에 먹을 것을 충분히 둔다면, 날씨가 좋아도 개구리는 절대 위로 올라오지 않을 것이다.

그러니 '청개구리 일기예보'는 자연에서나, 아주 제한적인 경우에만 맞는다. 유리병 속의 청개구리는 절대 정확하게 날씨를 예측할 수 없다.

동물이 정말로 지진을 예측할 수 있을까?

2004년 동남아시아에는 사상 최대 규모의 자연재해가 발생했다. 엄청난 위력의 쓰나미 때문에 25만 명이 넘는 사람들이 인도양에서 목숨을 잃었다. 반면 동물들의 피해는 예상보다 훨씬 적었다. 예를 들어 스리랑카의 얄라 국립공원의 자연보호구역에는 악어, 멧돼지, 물소, 원숭이, 코끼리가 살고 있었지만 동물의 사체는 전혀 없었고 인간 시체만 수백 구가 발견되었다. 동물에게는 일종의 제6의 감각이 있어서 땅속이나 높은 곳으로 도망갈 수 있었던 듯하다. 인간은 과학과 최첨단 장비에 막대한 비용을 투자하고도 기상 현상을 정확하게 예측하지 못한다. 동물들에게 정말 제6의 감각이라는 것이 있다면 지진이나 다른 자연재해를 어느 정도 예측할 수 있지 않을까?

동물이 지진이 오기 전에 극도로 예민한 반응을 보인

다는 것은 고대부터 알려져 있던 사실이다. 그래서 기원전 1세기에 그리스의 역사가 디오도루스 시쿨루스Diodorus Siculus는 기원전 373년 코린토스만에 위치한 그리스의 도시 헬리케에 엄청난 쓰나미가 덮쳐 도시가 완전히 파괴되었다고 기록했다. 그의 기록에 의하면 재앙이 일어나기 며칠 전 뱀, 시궁쥐, 생쥐가 안전한 곳을 찾아 무리를 지어 땅속으로 도망치는 모습을 관찰할 수 있었다. 고대 로마에서도 소위 '재앙을 예측하는 동물'들이 있다는 것을 알고 있었다. 머지않아 지진이 올 조짐이 느껴지면 개, 말, 거위는 특히 크게 멍멍, 히힝, 꽥꽥 소리를 내며 울었다. 이 동물들이 큰 소리를 내며 울었을 때 로마 원로원 회의 장소는 만일을 대비해 노천으로 옮겨졌다.

하지만 몇몇 동물들이 지진을 비롯한 자연재해를 예측할 수 있다는 사실을 어떻게 설명하겠는가? 동물들은 어떤 감각 기관을 통해 지진을 예측할까? 집중적인 연구가 진행되었지만 학문적으로 확실하게 입증된 것은 없다. 물론 그럴 듯한 이론은 많다. 현재 가장 유력한 이론에 의하면 지구의 판의 이동으로 지진이 일어날 때 전류가 방출되고 이 전류가 암석 속의 물을 분해한다. 이 과정에서 소위 에어로졸, 양전하를 띄고 둥둥 떠다니는 작은 입자가 호흡을 통해 동물에게 흡수된다. 그러면 뇌에서는 세로토닌이라는 전달 물질을 분비해, 동물들에게 불안과 패닉 상태를 유발하고 동물들이 바로 도망간다는 것이다.

1975년에 실제로 동물의 도움으로 지진 피해를 막는 데 성공한 사례가 있었다. 몇 년 전에 이미 중국 정부는 소위 지진과의 전쟁을 선포하면서 국민들에게 가축이나 다른 동물들이 의심스러운 행동을 보이는지 잘 지켜보고 이상한 조짐이 보일 경우에는 당국에 신고할 것을 촉구했다. 수많은 사람들이 이 명령을 따랐고 불과 며칠 만에 10만 명이 넘는 아마추어 관찰자가 모집되었다.

맨발의 지진학자들은 1975년 2월 초에 지진 조짐과 관련된 정보를 당국에 신고했다. 겨울을 맞아 동면에 들었을 뱀들이 동굴에서 한꺼번에 기어 나왔다고 한다. 담당 관청은 2월 4일 10시 아침에 재난 경보를 발표했고 오후 7시 30분에 규모 7.3의 지진이 발생했다. 이것은 동물들의 정확한 일기예보로 수천만 명의 목숨을 구할 수 있었던 사례였다.

1년 후 중국에서 다시 국민 경보 시스템을 작동시켰지만 엄청난 재앙을 막아내지 못했다. 1976년 7월 27일 규모 8.2의 지진이 발생해 수백만 명이 거주하는 대도시 탕

산이 통째로 흔들렸고, 60만 명 이상의 희생자가 발생했다. 물론 담당 관청은 국민들에게 2,000건에 달하는 동물 경고 신고를 받았다. 그러나 문화혁명이 일어나기 직전이었기 때문에 공무원들이 대량으로 해고되어 경고 신호를 처리할 수 없었다. 몇 년 후 체계적인 동물 관찰 시스템이 완전히 정착되었다.

더 빨리 달리기 위해 로봇을 태우는 낙타

걸프 국가에서 낙타 경주만큼 중요한 스포츠도 없다. 아랍에미리트 고위층의 국민 스포츠인 낙타 경주는 독일인에게 축구, 미국인에게 야구와 같은 의미다. 아랍에미리트에서는 시간당 최대 70킬로미터의 속도로 달리는 낙타 경주가 1주일에 200번 이상 열린다. 경주 거리는 1.5킬로미터에서 8킬로미터 사이로 경기마다 조금씩 다르다. 경기에 출전하는 낙타의 나이는 두 살, 세 살, 여섯 살, 여덟 살이다.

경주용 낙타는 한 마리에 500만 유로가 넘고, 유럽의 경주마들은 꿈에서만 볼 수 있는 편안한 환경과 호화로운 숙소에서 산다. 의료 서비스도 최상급이다. 낙타가 부상을 당하면 최고급 시설이 갖춰진 낙타 전문 병원으로 바로 이송되어, 최대한 빨리 회복되도록 치료를 받는다. 스타 낙타는 전용 제트기를 타고 두바이에서 바레인, 카타르, 쿠웨이트로 날아간다.

낙타 경주에서는 명성과 명예가 가장 중요하다. 대부분의 경기가 우승 상금이 지나칠 정도로 많다. 금으로 된 검, 럭셔리 클래스 리무진, 모두가 갖고 싶어 하는 고급 빌라, 수백만 달러를 호가하는 포상금이 수여된다.

경주 낙타들은 평범한 사료 대신, 우유, 꿀, 대추야자, 곡물, 달걀, 자주개자리로 만들고 영양 보충제 성분을 추가한 특별식을 먹는다. 코카콜라의 제조 비법이 극비 사항이듯이 사료를 만드는 레시피는 낙타 소유자만이 알고 있는 비밀이다. 물론 여기에는 이유가 있다. 이 파워 푸드를 먹이기 전에는 경주용 낙타가 8킬로미터에서 15킬로미터 구간을 달리는 데 약 15분이 걸렸는데, 요즘에는 특별식 때문에 경주 기록이 2분이나 단축되었기 때문이다.

얼마 전까지만 해도 두바이와 아랍에미리트에서는 4세에서 6세의 어린이들을 낙타 경주에 출전시켰다. 이 어린이들은 기록 단축을 위해 체중을 감량해야 했다. 이들은 대개 인도, 파키스탄, 방글라데시, 스리랑카의 빈민가 출신으로, 부모들에 의해 고작 20달러에 팔려 온 아이들이었다. 아이들은 아랍에미리트에서 노예처럼 생활하고 살이 찌지 않도록 혹독한 식이 조절을 했다. 당연히 전 세계의 인권 단체에서 격렬히 항의했다. 2005년 압력을 받은 아랍에미리트와 카타르 정부는 낙타 기수의 최소 연령을 18세로 제한하고 위반 시에는 엄청난 금액의 벌금형이나 구금형에 처한다는 법을 제정했다.

결국 사람들은 인간이 아닌 인공 기수를 출전시키기로 했고, 스위스의 한 회사에 일종의 '로봇 기수' 개발을 의뢰했다. 인공 기수는 시간이 지날수록 좋아졌다. 최신형 로봇 기수의 무게는 8킬로그램밖에 되지 않는다. 첫 번째 모델의 절반밖에 안 되는 무게다. 현재 인공 기수에는 GPS가 장착되어 있을 뿐만 아니라, 낙타의 심장 박동과 속도도 측정할 수 있고, 작은 스피커를 통해 소유주나 훈련사의 목소리를 전송할 수 있다. 훈련사나 소유주는 산악 자동차를 타고 낙타 옆을 달리면서 리모컨으로 로봇을 무선으로 조정한다. 원격 명령으로 채찍질 횟수를 늘릴 수도 있다.

하지만 일부 낙타 소유주들은 자연적인 수단뿐만 아니라 인위적인 수단을 이용해 경주 기록을 향상시키고 싶어 한다. 도핑은 오랫동안 낙타 경주에서 관행처럼 퍼져 있었다. 지구력 향상을 위한 에리트로포에틴, 근육 형성을 위한 스테로이드, 심지어 성장 호르몬까지 인간의 도 핑 리스트에 있는 모든 약물이 낙타에게도 투약된다. 일 부 낙타는 심지어 혈액 세척도 한다. 2013년 아랍에미리 트 낙타 레이싱 협회는 모든 도핑 행위에 대해 징계 조치 를 하겠다고 발표했다. 독일 수의사가 낙타 도핑 검사를 개발했다. 이후 첫 세 경기에서 금지 약물 투약 여부에 대 한 테스트가 실시되었다. 도핑 양성 반응이 적발된 경우 초범은 1년 동안 수감된다. 놀라운 사실은 동물만 수감된 다는 것이다. 재범인 경우 축사에 있는 모든 낙타가 1년 동안 수감된다.

도핑 단속은 앞으로 더 강화되고 성과도 있을 것으로 예상된다. 2016년에 개발된 모발 테스트는 의무적으로 받 아야 하는 혈액 테스트와 소변 테스트와 달리, 도핑 약물 은 투약 1년 후에도 성분이 검출될 수 있다.

그리고 앞으로는 법으로 금지된 조작 행위가 적발되 면 다른 경기 출전도 제한된다. 2017년 사우디아라비아의 리야드에서 '미스 카멜Miss Kamel'이라는 타이틀의 미인 대 회가 열렸다. 그중 12마리는 출전 자격이 박탈되었다. 소 유주가 낙타의 입술에 보톡스 시술을 했기 때문이었다.

뱀 마술사에게 홀린 독사

북아프리카나 인도 아대륙의 시장에 가본 사람은 이 광경을 보았을 것이다. 뱀 마술사가 피리를 불면 독사가 마치 보이지 않는 실에 이끌리듯 바구니에서 고개를 불쑥 내밀고, 똑바로 일어나 부드러운 몸짓으로 음악의 박자에 맞춰 흐물흐물 춤을 춘다. 뱀은 주인의 코앞에 있다.

영어권 국가에서 '스네이크 차밍Snake Charming'이라는 예쁜 이름으로 불리는 '뱀 부리기'는 신비스럽고 위험천만한 묘기일까, 아니면 그럴싸하게 꾸민 트릭일까?

이 질문에 답을 하려면 먼저 뱀 두개골의 해부학적 구조를 낱낱이 살펴봐야 한다. 다른 척추동물들과 달리 뱀에게는 몇 가지 없는 것이 있다. 그것은 바로 외이, 이도, 고막이다. 쉽게 설명하면 뱀은 귀머거리이기 때문에 피리 부는 소리를 지각할 수 없다. 그래서 뱀에게 음악적 소양이 있다는 것은 말도 안 되는 소리다.

대체 뱀 마술사는 어떻게 귀머거리인 뱀을 춤추게 하는 것일까? 뱀 마술사는 온갖 트릭을 동원한다. 모든 것은 처음부터 계획된다. 바구니가 열릴 때 뱀은 어둠 속에서 잠에 취해 있는 상태다. 밝은 햇빛을 받으면 처음으로 적 앞에 서게 된다. 뱀에게 적은 뱀 마술사의 피리다. 자극을 받은 뱀은 적, 그러니까 리듬을 타며 이리저리 움직이는 피리로부터 자신을 보호하기 위해 벌떡 일어나, 언제든 적을 물어버릴 수 있도록 머리로 피리의 움직임을 쫓는다. 전통적으로 뱀 마술사의 피리는 호리병박을 잘라 만드는데, 코브라는 이 피리를 교미하는 뱀이 넓게 펼친 앞가슴이라고 착각할 때가 많다. 이로 인해 종종 뱀의 경쟁심이 발동한다. 간혹 피리에 작은 털 뭉치를 붙여서 쥐를 사냥하려는 뱀의 본능을 자극하기도 한다. 이렇게 뱀을 도발하면 뱀은 일종의 자극 과잉 상태가 되고, 정신적으로 완전히 지쳐서 오랫동안 일종의 부드러운 '춤'을 추게 된다. 뱀은 자신이 어떤 도발 행위를 따를지 스스로 결정할 수 없다. 뱀은 단지 혼란스럽고 모순적인 자극으로부터 자신이 좋아하는 것이 만들어질 때까지 기다릴 뿐이다.

이론적으로는 크기가 큰 거의 모든 종의 독사가 뱀 부

리기에 적합하다. 어떤 뱀을 사용할 것인지는 뱀이 나타나는 지역과 빈도에 좌우된다. 인도에서는 주로 인도코브라를 뱀 부리기에 사용하지만, 러셀살무사와 고양이 뱀을 사용하기도 한다. 반면 북아프리카 지역에서는 주로 이집트코브라, 뻐끔살무사, 가시북살무사가 사용된다.

대부분의 뱀 마술사들은 야생에서 직접 뱀을 잡는다. 전문적인 뱀 거래 상인에게 뱀을 구매하는 경우는 극소수에 불과하다. 상인들이 판매하는 뱀도 사육한 경우는 드물고 대개 야생에서 잡은 것이다.

많은 사람이 궁금해하는 점이 또 한 가지 있다. 뱀 부리기 중 뱀이 춤을 추는 아슬아슬한 묘기를 할 때 뱀 마술사의 생명이 위험하지는 않을까?

뱀이 귀머거리라고 해도 뱀 마술사가 부리는 뱀은 맹독성 독사다. 하지만 뱀 마술사들은 절대 지지 않는다. 대부분의 뱀 마술사들은 뱀의 독 분비샘을 제거하거나 이빨을 뽑아버린다. 그렇다고 해서 관객들이 '뱀 부리기용 뱀'들이 자신을 해칠 만큼 위험하지 않다고 방심해서는 안 된다. 북아프리카의 뱀 마술사 중에는 이집트의 전통을 이어받은 이집트 코브라 숭배자들이 있다. 이 전통을 철저하게 지키는 뱀 마술사들은 주로 베르베르인인데, 신성

한 동물인 뱀의 이빨을 상하게 하는 것을 큰 죄라고 여긴다. 그래서 이러한 뱀 마술사들은 독이 들어 있는 뱀으로 뱀 부리기를 한다.

인도에서는 뱀 부리기가 법으로 금지되었다. 사실 1972년부터 뱀 부리기 금지법이 있었다. 당시 인도 정부는 야생 동물 개체 수를 보호하기 위해 '야생동물 보호법'을 제정했고, 뱀을 죽이거나 소유하는 행위를 처벌하겠다고 했다. 하지만 이것은 서류상으로만 존재하는 법일 뿐이었다. 1990년대 말 이후 인도 정부는 다시 금지 조치를 시행했고 이것은 뱀 마술사에게도 적용되었다. 뿐만 아니라 현재 인도 곳곳에 보급된 케이블 TV가 뱀 마술사에 대한 환상을 깨뜨렸고, 이것은 뱀 마술사라는 직업에도 불리하게 작용했다. 뱀 마술사는 과거에 신과 비슷한 존재로 여겨졌다. 사람들의 눈에 뱀 마술사는 위협적인 동물을 피리 하나로 춤추게 하는 것으로 보였기 때문이다. 하지만 뱀 마술사의 사회적 위신은 이제 바닥으로 떨어졌다.

지금도 인도의 오지 마을에서 뱀 부리기 불법 공연을 하는 사람들이 수백만 명에 달한다고 할지라도, 장기적인 전망으로 본다면 뱀 마술사라는 직업은 사라질 것이다.

놀랍게도 독사 전문가들은 뱀 마술사라는 직업을 금지하는 것에 대해 비판적이다. 황당한 소리처럼 들릴 것이다. 하지만 인도에서 매년 약 1만 5,000명이 독사에 물려 사망한다는 사실을 안다면 이해가 갈 것이다. 전문가들은 독사를 잡고 기르는 행위를 금지시킨다면 야생에서 뱀 개체 수가 증가해 독사에 물려 사망하는 사고가 더 늘어날 것이라고 주장한다. 이런 사고는 해독제를 구하기 어려운 오지에서 특히 자주 발생하는 것이 문제다.

날개 달린 검투사 귀뚜라미

중국에는 노래하는 귀뚜라미뿐만 아니라 투사 귀뚜라미
도 있다. 귀뚜라미 싸움은 1,000년이 넘게 중국 사람들에
게 사랑을 받아온 오락 활동이다.

귀뚜라미 싸움의 진행 과정은 항상 똑같다. 두 마리의
수컷 귀뚜라미를 동그라미가 표시된 링 위에 올려놓는다.
귀뚜라미는 자기 영역을 지키려는 본능 때문에 매우 공
격적이다. 자신의 영역을 조금이라도 건드리면 바로 날카
로운 소리로 귀뚤귀뚤 울어댄다. 경기 진행자는 귀뚜라미
투사들의 이러한 공격 본능을 부추기기 위해 쥐의 수염으
로 만든 작은 솔로 살살 자극한다. 싸움은 몇 분 만에 끝
날 때도 많다. 수컷 귀뚜라미들은 단단한 턱으로 서로의
몸을 물고, 올림픽의 그레코로만형 레슬링처럼 상대를 안
아 넘긴다. 이때 한 귀뚜라미가 먼저 도망을 치면 결투는

끝난다. 승리한 귀뚜라미는 큰 소리로 울면서 자신의 승리를 즐긴다. 둘 중 하나가 죽는 경우는 상대적으로 드물다. 이런 경우 패자는 승자에게 먹힌다.

전통적으로 귀뚜라미 싸움의 승자는 장군이라는 호칭을 받았다. 시합에서 여러 번 우승한 귀뚜라미에게는 영원한 승자라는 명예가 주어진다. 예전에는 유명한 귀뚜라미가 죽으면 예쁘게 꾸민 작은 은색 항아리에 사체를 넣었다.

중국에는 심지어 귀뚜라미 싸움을 위한 정식 훈련사가 있다. 훈련을 받는 귀뚜라미들은 호사스러운 생활을 한다. 모든 귀뚜라미는 자기만의 점토 항아리를 가지고 있는데, 여기에는 침대와 물이 담긴 작은 도자기 접시까지 갖춰져 있다. 매일 고기, 꿀, 쌀, 밤 등 다양한 특별식이 제공된다. 귀뚜라미 싸움 학교에서 특별 교육을 받은 훈련사는 다양한 방식으로 작은 투사들을 훈련한다. 예를 들어 싸움 직전에 벌을 주면 귀뚜라미들은 아주 공격적으로 변한다. 훈련사는 귀뚜라미를 들어 올리고, 여러 번 흔들고, 10회에서 20회 정도 공중에 던진다. 이런 처치를 받은 귀뚜라미는 상대를 바로 공격한다. 시합이 열리기 전날 밤에는 수컷 투사 귀뚜라미의 항아리에 암컷 귀뚜라미를 넣어준다. 이렇게 해야 곤충 투사의 투쟁 정신이 불끈 솟아오른다고 사람들이 믿기 때문이다.

대부분의 투사 귀뚜라미는 중국의 동부 해안에 있는 산둥성 출신이다. 이곳에서 농민들은 밭에서 귀뚜라미를 잡아서 전문 귀뚜라미 상인에게 한 마리에 몇 푼씩 받고 판다. 뛰어난 투사 귀뚜라미로 성장할 가능성이 있다면 상인은 한 마리에 1만 위안(200만 원) 이상도 지불할 준비가 되어 있다. 그런데 어떤 귀뚜라미가 훌륭한 투사가 될지 어떻게 알아볼까? 상인들은 귀뚜라미의 자질을 과학적으로 분석하기 때문에 충분히 알아볼 수 있다고 주장한다.

귀뚜라미 시즌인 8월과 10월 사이에 중국 시장에서는 수백만 마리의 투사 귀뚜라미가 팔린다. 상하이에만 12곳 이상의 귀뚜라미 시장이 있다. 중국 정부에서 의뢰한 조사 결과에 의하면 2010년 중국에서 투사 귀뚜라미를 구매하는 데만 6,300만 달러 이상이 지출되었다고 한다.

중국에서 귀뚜라미 싸움의 결과를 두고 내기를 하는 것은 금지되어 있지만, 귀뚜라미 싸움은 허용된다. '베이징 귀뚜라미 경기 협회'와 같은 조직에서 귀뚜라미 시합은 물론이고 종종 정기 챔피언십도 개최한다. 상당한 액수의 판돈을 걸고 개인이 경기를 주최하는 경우도 종종 있다.

여러 재주를 선보이는 작은 예술가 벼룩

벼룩에게 작은 차를 끌게 하는 것 같은 훈련을 시켜 생계를 유지하는 사람들이 있다. 이들은 한쪽 팔에 벼룩을 붙이고 다니면서 벼룩이 얼마나 많은 피를 빨아먹을 수 있는지 보여주며 돈을 번다.

19세기 중반 당대의 가장 유명한 동물학자였던 동물의 아버지 알프레드 브렘Alfred Brehm은 자신의 대표작『브렘이 쓴 동물의 삶Brehms Tierleben』에서 벼룩 서커스 활동과 호황에 대해 다루었다. 당시에는 벼룩 서커스가 없는 큰 시장을 상상할 수 없었다. 특별한 미니어처 쇼가 관객들을 기다리고 있었다. 이 황당무계한 쇼에서는 잘 조련된 벼룩이 등장해, 미니어처 마차를 끌고, 회전목마를 움직이고, 축구공으로 미니어처 골대를 맞혔다. 안타깝게도이제 이러한 작은 아티스트들은 영화관, 텔레비전, 다른 엔터테인먼트 프로그램과 경쟁이 되지 않는다.

지금은 소수의 벼룩 서커스만 남아 있다. 자신감이 넘치는 벼룩 서커스 감독들은 발이 여섯 개 달린 작은 아티스트들의 묘기를 진심으로 이 공연을 원하는 관객들에게 보여준다.

미니 서커스 쇼의 주인공이 왜 하필 인간에게 그다지 사랑받지 못하는 벼룩이었는지, 다른 곤충이 그 역할을 대신할 수는 없었는지 신기하다. 물론 여기에는 이유가 있다. 하나는 벼룩이 우리가 생각지도 못하는 엄청난 힘을 가지고 있다는 것이다. 벼룩은 고작 0.2밀리그램밖에 안 되지만 30그램이 넘는 차를 쉽게 움직일 수 있다. 이런 힘이 인간에게 있다면 1만 2,000톤의 무게를 움직일 수 있을 것이다. 열차 100대를 움직일 수 있는 힘이다. 게다가 이 작은 곤충은 엄청난 점프력을 갖고 있다. 벼룩 한 마리는 무려 20센티미터를 점프할 수 있다. 인간이 이 정도의 점프력을 소유하고 있다고 가정하면 쾰른 대성당 정도의 높이로 뛸 수 있다.

이 엄청난 점프력의 비밀은 벼룩의 강한 뒷다리 근육에만 있지 않다. 근육의 힘만으로는 절대 이 정도의 높이까지 점프할 수 없다. 벼룩의 다리에는 소위 '레실린 쿠션'이라는 것이 있다. 레실린은 고무처럼 탄성이 있는 단백질로 형태가 변형된다. 이 단백질은 많은 양의 에너지를 저장해서 단번에 운동 에너지로 방출할 수 있다. 벼룩이 점프를 하기 전에 레실린은 벼룩의 관절에 마치 활처럼 팽팽하게 당겨져 있다. 그리고 벼룩이 점프를 하면 저장된 에너지가 방출되면서 벼룩이 공중으로 발사되는 것이다.

벼룩을 잡는 것도 어렵지 않았다. 옛날에는 거의 모든 사람의 몸에 벼룩이 있었기 때문이었다. 쉽게 말해 벼룩 서커스 운영자들은 비교적 쉽게 언제 어디서나 발이 여섯 개 달린 '아티스트'를 조달할 수 있었다.

하지만 모든 벼룩이 서커스에 적합한 것은 아니다. 전세계에는 2,000종이 넘는 벼룩이 있는데 그중 사람 벼룩, 고슴도치 벼룩, 개 벼룩, 고양이 벼룩만 서커스 무대에 설수 있다. 이외의 다른 종들은 고된 서커스 단원 생활을 견딜 체력이 되지 않는다.

미래의 아티스트를 선택하는 다른 중요한 기준은 성별이다. 일반적으로 벼룩 서커스 무대에는 암컷 벼룩만 오른다. 암컷이 수컷보다 더 크고 힘이 세기 때문이다.

개를 훈련하듯 벼룩을 조련하는 것은 불가능하다. 벼

룩의 지능은 그만큼 따라주지 못한다. 하지만 벼룩이 특별히 좋아하는 것이나 생활 습관이나 온도, 빛, 소리를 조절할 수는 있다. 벼룩은 온도가 낮을 때는 잘 움직이지 않고, 온도가 높을 때는 활발하게 움직인다. 또한 벼룩은 밝고 시끄러운 것을 싫어하는 반면, 어둡고 조용한 것을 좋아한다. 이외에 벼룩 서커스 감독은 미래의 아티스트의 행동 방식을 끊임없이 관찰해야 한다. 이렇게 일종의 '직업 선택'이 이뤄진다. 달리기를 좋아하는 벼룩, 소위 육상 선수에게는 회전목마 움직이기나 마차 끌기 훈련을 시킨다. 반면 점프에 특별한 재능을 보이는 이른바 도약 선수는 축구 선수로 키운다. 물론 도약 선수에게는 스티로폼으로 만든 작은 축구공이 필요하다.

벼룩 서커스를 위해 진짜 진행하는 훈련은 육상 선수가 점프하지 못하도록 하는 것이다. 이 훈련은 쇼에도 매우 중요하다. 마차를 끌면서 위아래로 방방 뛴다면 관객들의 눈에 이상하게 비춰질 것이다. 서커스 감독들은 육상 선수가 점프하는 버릇을 버리도록 작은 속임수를 쓴다. 이들은 짧은 시간 간격으로 벼룩을 다른 통에 넣는데 통의 높이는 점점 낮아진다. 이렇게 하면 벼룩은 자신이 더 이상 점프할 수 없다는 사실을 깨닫는다. 통의 높이가 가장 낮아졌을 때 벼룩은 더 이상 점프를 하지 않는다. 자신이 '뛰어봤자 벼룩'이라는 사실을 알게 되었기 때문이다.

벼룩을 미니어처 마차에 매는 과정은 매우 정교하다. 먼저 아주 얇은 철사로 된 올가미를 벼룩의 머리 위에 씌운다. 이 철사는 차나 회전목마에 부착된다. 이 과정에는 많은 경험과 섬세한 손 감각이 필요하다. 얇은 철사로 된 올가미는 벼룩이 도망가지 못하도록 붙들면서도, 너무 꽉 조이지 않아야 한다. 그렇지 않으면 피를 섭취한 벼룩이 질식사할 수 있다. 그래서 벼룩 한 마리를 매는 데 30분이 걸린다. 1742년 영국의 시계 제조공인 보버릭Boverick이 최초로 마차에 벼룩을 매는 데 성공했다. 그는 런던에 있는 자신의 시계 가게 계산대에서 벼룩 두 마리가 전차나 마차를 끄는 공연을 열어 수많은 관객을 끌어모았다.

지금은 주로 미국, 간혹 유럽에서 벼룩 서커스가 열린다. 물론 살아 있는 벼룩이 공연을 하는 것처럼 꾸민 공연이다. 완벽하게 연출된 이 공연에서는 벼룩 한 마리가 무대에 오른다. 이 벼룩은 대포에 맞고, 불타는 타이어를 통과하고, 미니어처 안전망에 도달한다. 실제로는 벼룩이 존재하지 않는다. 자세히 관찰해보면 벼룩의 묘기는 역학, 전기, 전자 기술을 이용한 속임수다. 진짜 벼룩은 없지만 탄탄한 연기와 손재주로 벼룩 서커스를 좋아하는 관객들을 매료시킨다.

모든 과정이 얼마나 정교하게 진행되는지는 '살토 모탈레'* 공연을 통해 알 수 있다. 이 공연에서는 벼룩이 사다리를 타고 미니어처 다이빙대에 올라가서 3회 연속 공중제비를 돌고 미니어처 수영장으로 다이빙을 하는 것처럼 보인다. 하지만 실제 벼룩은 존재하지 않는다. 공연을 시작할 때 벼룩 서커스 감독은 관객들에게 실제로 존재하지 않는 벼룩이 사다리를 올라가는 것처럼 속인다. 그리고 그는 비밀 장치를 이용해 사다리의 디딤판을 숨긴다. 그리고 실제로 존재하지 않는 벼룩이 관객들의 눈에 마치 점프를 하는 것처럼 보이게 한다. 이때 북을 마구 두들기면서 분위기를 달아오르게 한다. 그리고 숨겨져 있던 장치를 이용해 작은 분수를 미니어처 수영장에 뿌린다. 그러면 모든 관객은 마치 살아 있는 벼룩이 점프를 한다고 믿는다. 환상은 여기서 끝이다!

....

*   Salto mortale. 목숨을 건 비약. ─옮긴이

참고 문헌

Abdelgabar, A. M. & B. K. Bhowmick (2003): The return of the leech. International Journal of Clinical Practice, 57 (2), 103–105.

Adriaens, T., San Martin y Gomez, G. & D. Maes (2008): Invasion history, habitat preferences and phenology of the invasive ladybird Harmonia axyridis in Belgium. From biological control to invasion: the Ladybird Harmonia axyridis as a model species. Springer Netherlands, 69–88.

Allatt, H. T. W. (1886): The use of pigeons as messengers in war and the military. Pigeon systems of europe. Journal oft he Royal United Service Institution, 30 (188), 107–148.

Allen, K. (2015): Mozambique declared free of landmines BBC News vom 17. 11. 2015.

American Society of Tropical Medicine and Hygiene (2011): Giant african rats successfully detect tuberculosis more accurately than Commonly used techniques. Newswise vom 14. 12. 2011.

American Veterinary Medicine Association (2008): AVMA Animal Welfare Division Director's Testimony on the Captive Primate Safety Act. 11. 5. 2008.

Amerkamp, U. (2002): Spezielle Spurensicherungsmethoden. Verfahren zur Sichtbarmachung von daktyloskopischen Spuren, Verlag für Polizeiwissenschaft, Frankfurt.

Anthes, E. (2013): Frankenstein's cat: cuddling up to biotech's brave new beasts (First ed.). Scientific American/Farrar, Straus and Giroux, New York.

AP (2009): Peru police seize cocaine sewn inside live turkeys. Stuff vom 3. 9. 2009.

APOPO (2017): Training Herorarats, www.apopo.org.

Aristoteles (1957): Tierkunde. Übersetzt von Paul Gohlke, 2. Auflage, Verlag Ferdinand Schönigh, Paderborn.

Asif, A. S. (2000): Challenge to Apollo: The Soviet Union and the space race, 1945–1974, NASA.

Baboo, B. & D. N. Goswami (2010): Processing, chemistry and application of lac.

Chandu Press, New Delhi, India.

Badde, P. (2005): Das Muschelseidentuch. Auf der Suche nach dem wahren Antlitz Jesu. Ullstein, Berlin.

Badde, P. (2014): Die Grabtücher Jesu in Turin und Manoppello. Wolff Verlag, Berlin.

Baskova, I. P., Zavalova, L. L., Basanova, A. V., Moshkovskii, S. A. & V. G. Zgoda (2004): Protein Profiling of the Medicinal Leech Salivary Gland Secretion by Proteomic Analytical Methods. Biochemistry, 69 (7), 770–775.

Batchelor, T. (2017): Laika at 60: What happens to all the dogs, monkeys and mice sent into space? Independent vom 3. 11. 2017.

Beike, M. (2012): The history of Cormorant fishing in Europe. Vogelwelt, 133: 1–21.

Beischer, D. E. & A. R. Fregly (1962): Animals and man in space. A chronology and annotated bibliography through the year 1960, US Naval School of Aviation Medicine, ONR TR ACR-64 (AD0272581).

Benecke, M. & B. Seifert (1999): Forensische Entomologie am Beispiel eines Tötungsdeliktes. Archiv für Kriminologie 204, 52–60.

Bernheimer, K. (2007): Brothers & beasts: an anthology of men on fairy tales. Wayne State University Press. 157–159.

Bertolotto, L. (1876): The history of the flea: With notes and observations. John Axford, New York.

Bethge, P. (2010): Haarige Wohngemeinschaft. Der Spiegel, 50, 98.

Blechman, A. (2007): Pigeons – The fascinating saga of the world's most revered and reviled bird. University of Queensland Press, St. Lucia, Queensland.

Blumberg, J. (2008): A Brief History of the St. Bernard Rescue Dog: The canine's evolution from hospice hound to household companion. Smithsonian magazine vom 1. 1. 2008.

Bombelli, P., Howe, C. J. & F. Bertocchini (2017): Polyethylene bio-degradation by caterpillars of the wax moth Galleria mellonella. Current Biology, 27 (8), 292–293.

Borger, J. (2001): Project: Acoustic Kitty. The Guardian Newspaper vom 11. 9. 2001.

Botigue, L., Song, S., Scheu, A., Gopalan, S., Pendleton, A., Oetjens, M., Taravella, A., Seregély, T., Zeeb-Lanz, A., Arbogast, R-M., Bobo, D., Daly, K., Unterländer, M., Burger, J., Kidd, J. & K. R. Veeramah (2017): Ancient European dog genomes reveal continuity since the early Neolithic. Nature Communications doi: 10.1038/ ncomms16082.

Brazee, S. & E. Carrington (2006): Interspecific Comparison of the Mechanical Properties of Mussel Byssus. Biological Bulletin, 211, 263–274.

Brehm, A. (1859): Die Hausthiere als Wetterpropheten. Die Gartenlaube, 7, 104.

Breitenbach, E., von Fersen, L., Stumpf, E. & H. Ebert (2006): Delfintherapie für Kinder mit schwerer Behinderung – Analyse und Erklärung der Wirksamkeit. Bentheim Verlag, Würzburg.

Brodersen, K. (2016): Scribonius Largus, Der gute Arzt/Compositiones. Marix, Wiesbaden.

Burgess, C. & C. Dubbs (2007): Animals in Space: From Research Rockets to the Space Shuttle, Springer Verlag, Heidelberg.

Burrows, M. (2009): How fleas jump. Journal of Experimental Biology, 212(18), 2881–2883.

BZ-Redaktion (2017): Hornhaut-Knabberfische dürfen in Wellness-Studios arbeiten. Badische Zeitung vom 22. 5. 2017.

Campbell, S. (2015): Israeli ‚spy dolphin equipped with killer arrows' captured by Palestinian militants. Daily Express vom 20. 8. 2015.

Cazander, G., Pritchard, D. I., Nigam,Y., Jung, W. & P. H. Nibbering (2013): Multiple actions of Lucilia sericata larvae in hard-to-heal wounds: larval secretions contain molecules that accelerate wound healing, reduce chronic inflammation and inhibit bacterial infection. Bioessays, 35 (12), 1083–1092.

Capinera, J. L. (2008): Encyclopedia of Entomology, Volume 4, Springer Science & Business Media, Heidelberg.

Cengel, K. (2014): Giant rats trained to sniff out tuberculosis in africa. National Geographic vom 15. 8. 2014.

Chambers, L., Woodrow, S., Brown, A. P., Harris, P. D., Phillips, D., Hall, M., Church, J. C. & D. I. Pritchard (2003): Degradation of extracellular matrix components by defined proteinases from the greenbottle larva Lucilia sericata used for the clinical debridement of non-healing wounds. British Journal of Dermatology, 148 (1), 14–23.

Cooper, G. (2009): British dogs trained to sniff out diabetes. Reuters vom 22. 6. 2009.

Costa-Neto, E. M. (2003): Entertainment with insects. Singing and fighting insects around the world. A brief review. Etnobiología, 3, 21–29.

Crowe, J. F. & W. F. Dove (2000): Perspectives on Genetics. Anecdotal, historical, and critical commentaries 1978–1998. University of Wisconsin Press, Madison/London.

Cunliffe, B. (2008): Europe between the oceans; 9000 BC – AD 1000. Yale University Press, New Haven.

Davis, D. & A. T. Weil (1992): Identity of a new world psychoactive toad. Ancient Mesoamerica, 3 (1), 51–59.

DPA (2007): Insekten als Drogenkuriere. Schmuggler verstecken Koks in toten Käfern. Spiegel online vom 4. 10. 2007.

DPA (2017): Fliegender Drogenkurier. Polizei erschießt Brieftaube. Spiegel online vom 2. 9. 2017.

Dehlinger, K., Tarnowski, K., House, J. L., Los, E., Hanavan, K., Bustamante, B., Ahmann, A. J. & W. K. Ward (2013): Can trained dogs detect a hypoglycemic scent in patients with type 1 Diabetes? Diabetes Care, 36, 98–99.

D'Lima, Coralie (2008): Dolphin-human interactions, Chilika. Whale and Dolphin Conservation Society.

Dumville, J. C., Worthy, G., Bland, J. M., Cullum, N., Dowson, C., Iglesias, C., Mitchell, J. L., Nelson, E. A., Soares, M. O. & D. J. Torgerson (2009): Larval therapy for leg ulcers (VenUS II): randomised controlled trial. British Medical Journal 338, 1047–1057.

Edwards, T. L., Cox, C., Weetjens, B., Tewelde, T. & A. Poling (2015): Giant African pouched rats (Cricetomys gambianus) that work on tilled soil accurately detect land mines. Behavior Analysis in Practice, 48 (3), 696–700.

Egerton, F. (2003): A History of the Ecological Sciences: Part 8: Fredrick II of Hohenstaufen: Amateur Avian Ecologist and Behaviorist. Bulletin of the Ecological Society of America, 84 (1), 40–44.

Fagot, J. & R. G. Cook (2006): Evidence for large long – term memory capacities in baboons and pigeons and its implications for learning and the evolution of cognition. Proceedings of the National Academy of Sciences, 103 (46), 17564–17567; https://doi.org/10.1073/ pnas.0605184103.

Fiegl, A. (2012): Meet Migaloo, World's First „Archaeology Dog". National Geographic News vom 11. 12. 2012.

Fischhaber, A. (2010): Wiesn-Wissen. Wie dressiert man Flöhe? Süddeutsche Zeitung vom 7. 5. 2010.

Fleissner, G., Holtkamp-Rötzler, E., Hanzlik, M., Winklhofer, M., Petersen, N. & W. Wiltschko (2003): Ultrastructural analysis of a putative magnetoreceptor in the beak of homing pigeons. Journal of Comparative Neurology, 458 (4), 350–360.

Ford, P. & M. Howell (1985): The beetle of Aphrodite and other medical mysteries. Random House, New York.

Frantz, L. A. F., Mullin, V. E., Pionnier-Capitan, M. und 28 weitere Autoren (2016): Genomic and archaeological evidence suggest a dual origin of domestic dogs. Science 352 (6290),1228–1231.

Freeman, G. E. & F. H. Salvin (1859): Falconry: Its Claims, History and Practice. Longman, Green, Longman and Roberts, London.

Fröhlich, A. (2017): Berlin-Brandenburgs CDU fordert Adler-Staffel zur Drohnenabwehr. Der Tagesspiegel vom 24. 8. 2017.

Fuertes, L. A. & A. Wetmore (1920): Falconry, the sport of kings. National Geographic Magazine, 38 (6), 429–460.

Gagliardo, A., Ioale, P., Savini, M. & J. M. Wild (2006): Having the nerve to home: trigeminal magnetoreceptor versus olfactory mediation of homing in pigeons. The Journal of Experimental Biology, 209 (15), 2888–2892.

García, B. E. & A. E. Hartman (2007): Ars Accipitraria: An essential dictionary for the practice of falconry and hawking, Yarak Publishing, London.

Gecker, J. (2012): Elephant dung coffee: An exotic, expensive brew. Sci-Tech Today vom 9. 12. 2012.

Gehring, D., Wiltschko, W., Güntürkün, O., Denzau, S. & R. Wiltschko (2012): Development of lateralization of the magnetic compass in a migratory bird. Proceedings oft he Royal Society, 279 (1745), 4230–4235.

Goodwin, J. (1982): A dyer's manual. Pelham Books, London.

Graeme, D. (2011): Loose Cannons: 101 Myths, mishaps and misadventurers of military history. Osprey Publishing, Oxford.

Grassberger, M. (2002): Ein historischer Rückblick auf den therapeutischen Einsatz von Fliegenlarven. NTM Zeitschrift für Geschichte der Wissenschaften, Technik und Medizin, 10 (1–3), 13–24.

Grassberger, M. (2002): Fliegenmaden: Parasiten und Wundheiler. Denisia, 6, 507–534.

Grassberger, M. & W. Hoch (2006): Ichthyotherapy as alternative treatment for patients with psoriasis: a pilot study. In: Evidence-based Complementary and Alternative Medicine, 3 (4), 483–488.

Gray, T. (1998): A Brief History of Animals in Space, NASA, History Divison.

Greenfield, A. B. (2004): A perfect red – Empire, espionage and the quest for the color of desire. Harper Collins Publisher, New York.

Guarino, B. (2016): Giant eagles terrorize Australian gold mine, take ‚selfie'with drone camera, The Washington Post vom 22. 11. 2016.

Gudger, E. W. (1919): On the Use of the Sucking-Fish for Catching Fish and Turtles: Studies in Echeneis or Remora, II., Part 1. The American Naturalist, 53 (627), 289–311.

Gudger, E. W. (1919): On the Use of the Sucking-Fish for Catching Fish and Turtles: Studies in Echeneis or Remora, II., Part 2. The American Naturalist, 53 (628): 446–467.

Hall, I. R., Brown, G. & A. Zambonelli (2007): Taming the truffle: the history, lore, and science of the ultimate mushroom. Timber Press, Portland, Oregon.

Haseder, I. & G. Stinglwagner (2000): Knaurs Großes Jagdlexikon, Knaur, Augsburg.

Hegmann, V. (1834): Allgemeine Witterungskunde. Ein tägliches Taschenbuch für Jedermann: besonders für Reisende, Forstbeamte, Landwirthe, Jagd- u. Gartenfreunde. Gedruckt bei Joh, Chr, Kempf, Herborn.

Heistinger, K., Heistinger, H., Lussy, H. & N. Nowotny (2011): Analysis of potential microbiological risks in Ichthyotherapy using Kangal fish (Garra rufa). In: Proceedings of the 4th Global Fisheries and Aquaculture Research Conference, the Egyptian International Center for Agriculture, Giza, Egypt, 3.–5. Oktober 2011.

Henkel, R. (2016): The North Face: erster Parka aus künstlicher Spinnenseide. Fashion United vom 2. 12. 2016.

Henneberg, C. (2016): Der heilende Kuss des Blutegels. Offenbach-Post vom 20. 6. 2016.

Hofmann, H. A. (1996): The cultural history of Chinese fighting crickets. A contribution not only to the history of biology. Biologisches Zentralblatt, 115, 206–213.

Holmes, L. A., Vanlaerhoven, S. L. & J. K. Tomberlin (2012): Substrate effects on pupation and adult emergence of Hermetia illucens (Diptera: Stratiomyidae). Environmental Entomology 42 (2), 370–374.

Humphries, T. (2003): Effectiveness of dolphin-assisted therapy as a behavioral intervention for young children with disabilities. Bridges, 1 (6), 1–9.

Jambeck, J. R, Geyer, R., Wilcox, C., Siegler, T. R., Perryman, M., Andrady, A., Narayan, R. & K. L. Law (2015): Plastic waste inputs from land into the ocean. Science, 347, 768–771.

246

Jamil, A. (2012): Snakes and charmers. The Friday Times, Vol. XXIV, No. 45.

Janssen, P. (2012): Elefanten verdauen Kaffee-Bohnen für Genießer. Die Welt vom 18. 12. 2012.

Jackson, C. E. (1997): Fishing with cormorants. Archives of Natural History, 24 (2), 189–211.

Jaworski, J. S. (2010): Properties of byssal threads, the chemical nature of their colors and the veil of Manoppello. In: Proceedings of the international workshop on the Scientific approach to the Acheiropoietos images.

Jenkins, D. (2003): The Cambridge History of Western Textiles. Cambridge University.

Jönsson, K. I., Rabbow, E., Schill, R. O., Harms-Ringdahl, M. & P. Rettberg (2008): Tardigrades survive exposure to space in low earth orbit. Current Biology, 18 (17), 729–731.

Jones. J. (2012): Arachnophobe creates cape woven from spider silk. CNN vom 26. 1. 2012.

Kadach, M. (2017): Archäologie-Hund: Flintstones Gespür für Knochen. Münchner Merkur vom 16. 8. 2017.

Kennedy, M. (2004):Tower's raven mythology may be a Victorian flight of fantasy. The Guardian vom 15. 11. 2004.

King, B. J. (2016): Is it cruel to have a monkey helper? As service animals, capuchins change people's lives – but they may suffer in the process. The Atlantic vom 2. 8. 2016.

Kistler, M. J. (2007): War Elephants, University of Nebraska Press, Lincoln, Nebraska.

Klikar, N. (2009): Wenn der Egel am Hund festhängt. Main-Post vom 13. 4. 2009.

Koch, R. L. (2003): The multicolored Asian lady beetle, Harmonia axyridis: A review of its biology, uses in biological control, and non-target impacts. Journal of Insect Science, 3, 32.

Körner, P. (2015): Esel sollen Wölfe in Niedersachsen beschützen. Spiegel online vom 12. 12. 2016.

Kollesch, J. & D. Nickel (1994): Antike Heilkunst. Ausgewählte Texte. Philipp Reclam junior, Stuttgart.

Kürschner, I. (2008): Barry. Die Hospitzhunde vom Grossen St. Bernhard. AT-Verlag, Baden.

LANUV NRW (2011): Verwendung von Kangalfischen (Garra rufa) zu kosmetischen und therapeutischen Zwecken. Rundschreiben an Landräte, Oberbürgermeister und den Städteregionsrat Aachen vom 29. 9. 2011.

LANUV NRW (2011): Tierschutz: Verwendung von Kangalfischen (Rote Saugbarbe, Garra rufa) zu kosmetischen Zwecken nicht erlaubnisfähig! Pressemitteilung vom 29. 9. 2011.

Latzke, P. M. & R. Hesse (1988): Textile Fasern. Rasterelektronenmikroskopie der Chemie- und Naturfasern. Deutscher Fachverlag, Frankfurt am Main.

Lautz, T. (2000): Traditional Money and Cultural Diversity: Continuity and Change in the Pacific Region. In: Lane P. & J. Sharples (ed.): Proceedings of the ICOMON meetings, held in conjunction with the ICOM Conference, Melbourne, Australia, 10–16 October, 1998, 91–95.

Lawson, A. (2003): Snake charmers fight for survival. BBC News vom 6. 2. 2003.

Lehan, B. (1969): The Compleat Flea. John Murray, London.

Letzner, S., Gunturkun, O. & C. Beste (2017): How birds outperform humans in multi-component behavior. Current Biology, Volume 27, (18), 996–998.

Levene, D. (2012): Golden cape made with silk from a million spiders – in pictures. The Guardian vom 23. 1. 2012.

Levenson, R. M., Krupinski, E. A., Navarro, V. M. & E. A. Wasserman (2015): Pigeons (Columba livia) as trainable observers of pathology and radiology breast cancer images. PloS ONE 10 (11): e0141357. https://doi.org/10.1371/journal.pone.0141357.

Lohri, C. R., Diener, S., Zabaleta, I., Mertenat, A. & C. Zurbrügg (2017): Treatment technologies for urban solid biowaste to create value products: a review with focus on low- and middle-income settings. Reviews in Environmental Science and Bio/Technology, 16 (1), 81–130.

Ludwig, M. (2008): Unglaubliche Geschichten aus dem Tierreich, BLV Verlag, München.

Ludwig, M. (2010): Invasion. Wie fremde Tiere und Pflanzen unsere Welt erobern. Ulmer, Stuttgart.

Ludwig, M. (2011): Natur erleben. Monat für Monat. BLV Verlag, München.

Ludwig, M. (2015): Genial gebaut. Theiss-Verlag, Darmstadt.

Ludwig, M. (2015): Was Bienen mit einem Flughafen zu tun haben. Berliner Morgenpost vom 21. 2. 2015.

Ludwig, M. (2015): Stimmt es, dass Frösche das Wetter vorhersagen können? Berliner Morgenpost vom 25. 7. 2015.

Ludwig, M. (2015): Ist im Lippenstift wirklich Läuseblut enthalten? Berliner Morgenpost vom 1. 8. 2015.

Ludwig, M. (2015): Wenn Liebe und Tod nahe beieinander liegen. Berliner Morgenpost vom 26. 9. 2015.

Ludwig, M. (2015): Wie Schlangen Tausende Menschenleben gerettet haben. Berliner Morgenpost vom 4. 10. 2015.

Ludwig, M. (2016): Wenn Tiere als Spione eingesetzt werden. Berliner Morgenpost vom 9. 1. 2016.

Ludwig, M. (2016): Die erfolgreichsten Trüffel-Schnüffler der Welt. Berliner Morgenpost vom 13. 2. 2016.

Ludwig, M. (2016): Wenn Flöhe im Zirkus Fußball spielen. Berliner Morgenpost vom 16. 4. 2016.

Ludwig, M. (2016): Kostbare Gewänder vom Meeresgrund. Berliner Morgenpost vom 4. 6. 2016.

Ludwig, M. (2016): Zu Besuch im Monkey College. Berliner Morgenpost vom 30. 7. 2016.

Ludwig, M. (2016): Warum eine Fliege den Hunger auf der Welt lindern könnte. Berliner Morgenpost vom 10. 9. 2016.

Ludwig, M. (2016): Ein Schwangerschaftstest auf vier Beinen. Berliner Morgenpost vom 17. 12. 2016.

Ludwig, M. (2017): Wie man mit Tierkot Geld verdienen kann. Berliner Morgenpost vom 21. 1. 2017.

Ludwig, M. (2017): Gefiederte Hüter eines Weltreiches. Berliner Morgenpost vom 4. 2. 2017.

Ludwig, M. (2017): Wie ein Halbgott das Purpurrot entdeckte. Berliner Morgenpost vom 25. 2. 2017.

Ludwig, M. (2017): Fliegenlarven können Wunden heilen. Berliner Morgenpost vom 25. 3. 2017.

Ludwig, M. (2018): Affen als Erntehelfer. Zwangsarbeit in der Kokospalme. Tierwelt Schweiz vom 26. 6. 2018.

Ludwig, M. & H. Gebhardt (2007): Küsse, Kämpfe, Kapriolen. Sex im Tierreich. BLV Verlag, München.

Ludwig, M. & E. Dempewolf (2009): Papa ist schwanger. BLV Verlag, München.

Manaev, G. (2017): Why a special division of birds of prey guards the Kremlin. Russia Beyond vom 26. 12. 2017.

Marcone, M. (2004): Composition and properties of Indonesian palm civet coffee (Kopi Luwak) and Ethiopian civet coffee. Food Research International, 37 (9), 901–912.

Marino, L. & S. O. Lilienfeld (2007): Dolphin-Assisted Therapy: More flawed data and more flawed conclusions. Anthrozoös: A Multidisciplinary Journal of the Interactions of People and Animals, 20 (3), 239–249.

McCarthy, M. (2006): Ravens, the literary birds of death, come back to life in Britain. The Independent vom 23. 1. 2006.

McGovern, P. E. & R. H. Michel (1985): Royal Purple dye: tracing the chemical origins of the industry. Anal. Chem., 57, 1514A–1522A.

Milman, O. (2012): World's most expensive coffee tainted by ‚horrific' civet abuse. The Guardian vom 11. 11. 2012.

Milsten, R. (2000): The Sexual Male: Problems and solutions. W. W. Norton & Company. New York.

Mitterer, J. (2015): Auf sie mit Iah! Zeit vom 26. 3. 2015.

Mora, C. V., Davison, M., Wild, J. M. & M. M. Walker (2004): Magnetoreception and its trigeminal mediation in the homing pigeon. Nature, 432 (7016), 508–511.

Mory, R. N., Mindell, D. & D. A. Bloom (2000): The Leech and the Physician: Biology, Etymology, and Medical Practice with Hirudinea medicinalis. World Journal of Surgery, 24 (7), 878–883.

Murphy, J. C. (2010): Secrets of the Snake Charmer: Snakes in the 21st Century. iUniverse, New York.

Nathanson, D. E. (1998): Long-Term effectiveness of dolphin – assisted therapy for children with severe disabilities. Anthrozoös: A Multidisciplinary Journal of the Interactions of People and Animals, 11 (1), 22–32.

Nathanson, D. E. (2007): Reinforcement Effectiveness of animatronic and real Dolphins, Anthrozoös: A Multidisciplinary Journal of the Interactions of People and Animals, 20, 2, 181.

Nelson, D. (2009): Former camel jockeys compensated by UAE. The Telegraph vom 5. 5. 2009.

Njeru, G. (2016): Don't pooh-pooh it: Making paper from elephant dung. BBC News vom 5. 5. 2016.

N. N. (1957): Muscovites told space dog is dead. New York Times vom 11. 11. 1957.

N. N. (1994): Missionary for toad venom Is facing charges. New York Times vom 20. 2. 1994.

N. N. (1994): Couple avoid jail in toad extract case. New York Times vom 1. 5. 1994.

N. N. (2007): Toad smoking uses venom from angry amphibian to get high. FOX News. Kansas City vom 3. 12. 2007.

N.N. (2007): Dolphin therapy' a dangerous fad, researchers warn. Science Daily vom 18. 3. 2007.

N.N. (2008): Amok on the rock: Gibraltar to cull pack of their national symbol monkeys because they are a nuisance. Daily Mail vom 16. 4. 2008.

N. N. (2014): Frettieren. Deutsche Jagdzeitung vom 21. 8. 2014.

N. N. (2015): Tower of London's Jubilee raven released. BBC News vom 26. 12. 2015.

N. N. (2017): Kampf gegen Müll – Forscherin entdeckt zufällig Plastik fressende Raupe. Der Spiegel vom 24. 4. 2017.

N.N. (2018): Erste Drohnen-Adler der Schweiz sind geschlüpft. Blick vom 15. 3. 2018.

Nossov, K: (2008): War Elephants. Osprey Publishing, Oxford.

Nussbaumer, M. (2000): Barry vom Grossen St. Bernhard. Simowa-Verlag, Bern.

Nyáry, J. (2007): Die geheime Leidenschaft der Maria Callas. Hamburger Abendblatt vom 18. 8. 2007.

Ocker, K. (1993): Agents intercept 223 live snakes stuffed with drugs. Sun Sentinel vom 3. 7. 1993.

Olkowicz, S., Kocourek, M., Lučan, R. K., Porteš, M., Fitch, W. T., Herculano-Houzel, S. & P. Němec (2016): Birds have primate-like numbers of neurons in the forebrain. Proceedings of the National Academy of Sciences, 113 (26), 7255–7260.

Olsen, A., Prinsloo, L. C., Scott, L. & A. K. Jägera (2008): Hyraceum, the fossilized metabolic product of rock hyraxes (Procavia capensis), shows GABA-benzodiazepine receptor affinity. South African Journal of Science, 103, 437–438.

Peachey, P. (2010): UAE defies ban on child camel jockeys – Middle East – World. The Independent vom 3. 3. 2010.

Penha, J. (2012): Excreted by imprisoned civets, kopi luwak no longer a personal favorit. The Jakarta Globe vom 4. 8. 2012.

Phipps, E. (2010): Cochineal Red: The art history of a color. The Metropolitan Museum of Art, New York.

Pickering, G .J, Lin, J. Y., Riesen, R., Reynolds, A., Brindle, I. & G. Soleas (2004): Influence of Harmonia axyridis on the Sensory Properties of White and Red Wine. American Journal for Enology and Viticulture, 55 (2), 153–159.

Pieters, J. (2017): Dutch police drops drone-hunting eagles project. NL Times vom 7. 12. 2017.

Pleasance, C. (2018): Twelve camels are disqualified from Saudi Arabian beauty contest for using Botox. Daily Mail vom 24. 1. 2018.

Pöppinghege, R. (2009): Tiere im Krieg: Von der Antike bis zur Gegenwart. Verlag Ferdinand Schöningh, Paderborn.

Poling, A., Weetjens, B., Cox, C., Beyene, N. W., Bach, H. & A. Sully (2011): Using trained pouched rats to detect land mines: another victory for operant conditioning. Behavior Analysis in Practice, 44 (3), 351–355.

Preissing, S. (2009): Tabu – Das Muschelgeld der Tolai in Papua Neuguinea. Zeitschrift für Sozialökonomie, 46, 38–40.

Pycroft, A. T. (1935): Santa Cruz red feather-money – Its manufacture and use. In: The Journal of the Polynesian Society, 44, 173–183.

Rance, P. (2003): Elephants in warfare in late antiquity. Acta Antiqua Academiae Scientiarum Hungaricae, 43, 355–384.

Rathenow, S. (2014): Wundertiere. Diese Heldenratten retten Leben. WELT vom 26. 9. 2014.

Rebecchi, L., Altiero, T., Cesari, M., Bertolani, R., Rizzo, A. M., Corsetto, P. A. & R. Guidetti (2011): Resistance of the anhydrobiotic eutardigrade Paramacrobiotus richtersi to space flight (LIFE-TARSE mission on FOTON-M3). Journal of Zoological Systematics and Evolutionary Research, 49, 1439–1469.

Richards, B. (1994): Toad-smoking gains on toad-licking among drug users --- toxic, hallucinogenic venom, squeezed, dried and puffed, has others turned off. Wall Street Journal vom 7. 3. 1994.

Richelson, J. T. (2002): The Wizards of Langley: Inside the CIA's Directorate of Science and Technology. Westview Press, Boulder, Colorado.

Riehl, J. P. (2010): Mirror-image asymmetry: an introduction to the origin and consequences of chirality. Wiley & Sons, Hoboken, New Jersey.

Roach, J. (2006): Remote-Controlled Sharks: Next Navy Spies? National Geographic News vom 6. 3. 2006.

Sato, H., Peeri, Y., Baghoomian, E., Berry, C. W. & M. M. Maharbiz (2009): Radio-controlled cyborg beetles: A radio-frequency system for insect neural flight Control. Proceedings of the IEEE International Conference on Micro Electro Mechanical Systems (MEMS 2009), Sorrento, Italy, 216–219.

Sayili, M., Akcaa, H., Dumanb, T. & K. Esengun (2007): Psoriasis treatment via doctor fishes as part of health tourism: A case study of Kangal Fish Spring, Turkey. Tourism Management, 28 (2), 625–629.

Schäfer, S. (2012): Gaga-Diäten Teil 1: Kinderriegel erlaubt, Yogurette verboten. Spiegel-Online vom 6. 6. 2012.

Schafer, E. H. (1957): War elephants in ancient and medieval china. Oriens, 10 (2), 289–291.

Scheen, T. (2009): Ronaldinho frisst sich durchs Minenfeld. Frankfurter Allgemeine Zeitung vom 2. 9. 2009.

Schukowa, T. (2017): Kremls gefiederte „Abfangjäger". Öffentliche Sicherheit: Magazin des Bundesministerium für Inneres, 9/10, 41–42.

Sconocchia, S. (1983): Scribonii Largi Compositiones. Teubner, Leipzig.

Seidler, C. (2017): Streit um Forschungsarbeit. Frisst diese Raupe wirklich Plastik? Der Spiegel vom 31. 8. 2017.

Sharma S. (2004): Trade of Cordyceps sinensis from high altitudes of the indian himalaya: Conservation and biotechnological priorities. Current Science, 86 (12), 1614–1619.

Shelton, N. (2007). Drug sweep yields weed, coke, toad. KC Community News vom 7. 11. 2007.

Shirong, M., Changhe, H., Chuanzhen, Z., Jin, M., Zhaocheng, Z. & Y. Maoyuan (1982): The Tangshan Earthquake of 1976. Seismological Press. Beijing, China.

Soares, M. O., Iglesias, C. P., Bland, J. M., Cullum, N., Dumville, J. C., Nelson, C. A., Torgerson, D. J. & G. Worthy (2009): Cost effectiveness analysis of larval therapy for leg ulcers. British Medical Journal, 338, 1050–1054.

Starbird, E. A. (1981): The bonanza bean: Coffee. National Geographic, 159 (3), 388–405.

Stearns, R. E. C. (1869). Shell-money. The American Naturalist 3 (1), 1–5.

Stevenson, P. A. & J. Rillich (2012): The decision to fight or flee. Insights into underlying mechanism in crickets. Frontiers in Neuroscience, 6, 118, doi:10.3389/

fnins.2012.00118.

Stoll, A. (2014): Diäten-Wahn: Bandwurm oder Seife gegen Körperfett. Augsburger Allgemeine vom 5. 3. 2014.

Strain, D. (2011): Fleas leap from feet, not knees. Science News vom 2. 10. 2011.

Strassman, R. (2004): DMT – Das Molekül des Bewusstseins, AT Verlag, Aarau.

Süß, C. (2012): Pediküre in der Grauzone. Frankfurter Rundschau vom 22. 6. 2012.

Swan, M. (2016): UAE university develops new test for doping in camel racing. The National vom 4. 11. 2016.

Sullivan, W. (1982): Truffles: Why pigs can sniff them out. The New York Times vom 24. 3. 1982.

Temkin, O. (1934): Galen's advice for an epileptic boy. Bulletin of the Indian Institute of History of Medicine, 3, 179–189.

Termentini, F., Esposito, S. & M. Balsi (2008): Experimenting with new technologies for technical survey in humanitarian demining. Journal of ERW and Mine Action, 12 (2), 41.

Thomas S., Wynn K., Fowler T. & M. Jones (2002): The effect of containment on the properties of sterile maggots. British Journal of Nursing, 11 (12), 21–22.

Treiber, C. D., Salzer, M. C., Riegler, J., Edelman, N., Sugar, C., Breuss, M., Pichler, P., Cadiou, H., Saunders, M., Lythgoe, M., Shaw, J. & D. A. Keays (2012): Clusters of iron-rich cells in the upper beak of pigeons are macrophages not magnetosensitive neurons. Nature, 484 (7394), 367–370.

Tributsch, H. (1990): Wenn die Schlangen erwachen. Deutsche Verlags- Anstalt, Stuttgart.

Tsoucalas, G., Karamanou, M., Lymperi, M., Gennimata. V. & G. Androutsos (2014): The „torpedo" effect in medicine. International Maritim Health Journals, 64, 65–67.

Tucker, M. E. (2016): Can diabetes alert dogs help sniff out low blood Sugar? NPR vom 29. 7. 2016.

Tucker, E. (2012): From Oral Tradition to Cyberspace – Tapeworm Diet Rumors and Legends. In: Trevor J. Blank: Folk Culture in the Digital Age. Utah State University Press.

U.S. Central Intelligence Agency (1967). Memorandum: Views on trained cats use. George Washington University. März 1967.

Unger, K. (2013): Farm 432: Insect Breeding. Dezeen Magazine vom 5. 3. 2013.

United States Department of Justice-Civil Rights Division (2010): Highlights of the final rule to amend the Department of Justice's regulation implementing Title II of the ADA.

Valderrama, X., Robinson, J. G., Attygalle, A. B. & T. Eisner (2000): Seasonal anointment with millipedes in a wild primate: a chemical defense against insects? Journal of Chemical Ecology, 26 (12), 2781–2790.

Vilcinskas, A., Stoecker, K., Schmidtberg, H., Röhrich, C. R. & H. Vogel (2013): Invasive Harlequin Ladybird Carries Biological Weapons Against Native Competitors. Science, 340, 6134, 862–863.

Volz, W. (1854): Geschichte des Muschelgeldes. Zeitschrift für die gesamte Staatswissenschaft, 10 (1), 83–122.

Wachter, D. S. (2017): Wie gut kann Honig eigentlich sein, der von Flugzeugen und Kerosin umgeben ist? Stern vom 9. 11. 2017.

Walcott, C. (1996): Pigeon Homing: Observations, experiments and confusions. Journal of Experimental Biology, 199, 21–27.

Wallraff, H. G. (2004): Avian olfactory navigation: its empirical foundation and conceptual state: Animal Behaviour 67 (2), 189–204.

Wang, F. (1979): Historic Earthquakes: The 1976 Tangshan earthquake. Earthquake Information Bulletin (USGS), 11 (3), 106–109.

Watanabe, S. (2001): Van Gogh, Chagall and pigeons: picture discrimination in pigeons and humans. Animal Cognition, 4 (3–4), 147–151.

Watanabe, S., Sakamoto, J. & M. Wakita (1995): Pigeons' discrimination of paintings by Monet and Picasso. J. Exp. Anal. Behav., 63 (2), 165–174.

Weber, C., Pusch, S. & T. Opatz (2017): Polyethylene bio-degradation by caterpillars? Current Biology, 27 (15), 744–745.

Weldon, P. J., Aldrich, J. R., Klun, J. A., Oliver, J. E. & M. Debboun (2003): Benzoquinones from millipedes deter mosquitoes and elicit self-anointing in capuchin monkeys (Cebus spp.). Naturwissenschaften, 90 (7), 301–304.

Wells, M., Manktelow, R. T., Boyd, J. B. & V. Bowen (1993): The medical leech: an old treatment revisited. Microsurgery, 14 (3), 183–186.

Whitelocks, S. (2015): Quit monkeying around! Greedy Gibraltar primate munched on baguette after stealing it from tourist's bag. Main Online vom 12. 1. 2015.

Winkler, D. (2008): Yartsa Gunbu (Cordyceps sinensis) and the Fungal Commodification of Tibet's Rural Economy. Economic Botany, 62 (3), 291–305.

Wittke-Michalsen, E. (2007): The History of Leech Therapy. In: Michaelsen, A., Roth, M. & G. Dobos: Medicinal Leech Therapy. Thieme Verlag, Stuttgart.

Wood, W., Fields, B., Rose, M. & M. McLure (2017): Animal-Assisted Therapies and Dementia: A systematic mapping review using the lived environment life Quality (LELQ) model. American Journal of Occupational Therapy, 71 (5), 7105190030p1-7105190030p10.doi:10.5014/ajot.2017.027219.

World Health Organization (2017): Global tuberculosis report, Geneva.

Yacoubou, J. (2010). Q & A on Shellac. Vegetarian Resource Group Blog vom 30. 11. 2010.

Yamamoto, M., Futamura, Y., Fujioka, K. & K. Yamamoto (2008): Novel production method for plant polyphenol from livestock excrement using subcritical water reaction. International Journal of Chemical Engineering Volume 2008 (2008), Article ID 603957, http://dx.doi.org/10.1155/2008/603957.

Yaron, G. (2011): Secret agent vulture tale just the latest in animal plots. Toronto Star vom 5. 1. 2011.

You, T. (2015). „China harvests ‚panda poo tea' which sells for £ 46,000 per kg". Daily Mail vom 4. 3. 2015.

http://www.t-online.de/leben/essen-und-trinken/id_54412262/elchkaeseder-teuerste-kaese-der-welt.html

https://wifisteiermark.com/2017/01/28/die-10-teuersten-kaesesorten-derwelt/

http://www.alces-alces.com/verhalten/haustier/haustier.htm

https://www.telegraph.co.uk/news/uknews/9733879/Novak-Djokovic-buysup-annual-supply-of-donkey-cheese.html

http://www.fao.org/docrep/field/003/AC286E/AC286E01.htm

http://www.traumbad.de/nxs/731///traumbad/schablone1/Die-Geschichteder-Naturschwaemme

https://www.marie-natur.de/schwammladen/geschichte-des-naturschwammes/